四川农村
沼气可持续发展研究

金小琴 著

STUDY ON SUSTAINABLE DEVELOPMENT
OF RURAL BIOGAS IN SICHUAN

Southwestern University of Finance & Economics Press
西南财经大学出版社

图书在版编目(CIP)数据

四川农村沼气可持续发展研究/ 金小琴著 . 一成都:西南财经大学出版社,
2019.7
ISBN 978-7-5504-4017-3

Ⅰ.①四⋯ Ⅱ.①金⋯ Ⅲ.①农村—沼气利用—可持续性发展—研究—四
川 Ⅳ.①S216.4

中国版本图书馆 CIP 数据核字(2019)第 135211 号

四川农村沼气可持续发展研究

Sichuan Nongcun Zhaoqi Kechixu Fazhan Yanjiu

金小琴 著

责任编辑:植苗
封面设计:穆志坚 张姗姗
责任印制:朱曼丽

出版发行	西南财经大学出版社(四川省成都市光华村街55号)
网　址	http://www.bookcj.com
电子邮件	bookcj@foxmail.com
邮政编码	610074
电　话	028-87353785
照　排	四川胜翔数码印务设计有限公司
印　刷	四川五洲彩印有限责任公司
成品尺寸	170mm×240mm
印　张	16.75
字　数	209 千字
版　次	2019 年 7 月第 1 版
印　次	2019 年 7 月第 1 次印刷
书　号	ISBN 978-7-5504-4017-3
定　价	86.00 元

摘要

20 世纪 70 年代以来，传统的掠夺式的资源利用方式和经济的线性增长模式引起了人类社会的深刻反思，以资源过度消耗为代价的经济发展模式必然会导致生产方式和消费方式的不可持续性，使人类的生存与发展面临严峻的挑战。为了兼顾当代和后代的利益，人类不得不改变发展方式，进而寻求一种新的发展思路，以确保人类的可持续发展和经济的绿色增长。

能源是人类进行生产生活的物质基础，是人类社会进步与经济发展的基本动力，因而它是影响可持续发展的最重要因素。沼气作为一种可再生能源，由于其广泛的分布、较低的建设成本和明显的经济效益、社会效益和生态效益等特点，成为各国能源建设的重中之重。2003 年，我国出台的《农村沼气建设国债项目管理办法（试行）》明确指出，以中央预算内投资方式对农村沼气发展予以补贴。由此，在政府投资的带动下，我国农村沼气的发展迎来了黄金时期，这对于优化农村能源消费结构、促进农村节能减排、提高农产品质量、改善农民生产生活条件、保护农村生态环境等具有重要的现实意义。

四川既是人口大省、农业大省，也是能源资源需求大省。农村养殖规模相对较大，秸秆资源丰富，利用这些生物质原料发展沼气具有十分广阔的前景。然而，随着农村经济结构和社会结构的深刻变化,农村沼气的发展也面临一些新情况、新问题,并在一定程度上影响了农村沼气有关项目的继续推进。 为了实现农村沼气的可持续发展,本书立足于全球性能源危机和应对气候变化下可持续发展理念兴起的国际背景与新时代推进农村能源革命、农村"厕所革命",以及赋予农村可再生清洁能源在农村生态文明建设和农业绿色发展新使命的国内大背景,运用可持续发展理论、公共产品理论、公共选择理论、多层委托代理理论、计划行为理论等去剖析农村沼气发展的影响机理,并结合四川实际,对农村沼气发展状况以及发展进程中所存在的问题进行了系统分析,并探讨影响农村沼气可持续发展的因素,最后提出促进农村沼气可持续发展的对策建议。

通过理论和实证分析,本书的主要结论如下:

(1)农村沼气发展主要依托农村沼气有关项目实施予以推进,带有明显的政府主导特征。 农村沼气发展主要基于缓解国家能源压力、改善农村生态环境、提升农产品质量、带动农业循环经济发展等方面的政策目标。 在政策演进过程中,从补助标准到补助范围都呈现出由低到高、由窄变宽的政策特征,说明农村沼气发展在政策上具有连续性。

(2)四川农村沼气发展取得了明显的成效,同时也面临诸多问题。 四川具有发展农村沼气的基础优势、资源优势、政策优势和科技优势,同时也面临待建农户参与积极性不高、农村沼气工人流失严重、农村服务网点运行困难、沼气产业化发展滞后等问题。 四川

2

各级政府十分重视农村沼气的发展并采取积极有效措施来促进农村沼气发展。

（3）农村沼气的发展从项目投资上看是可持续的，而且具有很好的经济效益、生态效益和社会效益。分析结果显示，项目农户建设沼气池的净现值为 8 169.71 元，而非项目农户的净现值为 6 351.53 元；项目农户的内部收益率为 84%，较非项目农户高 49%；项目农户的投资回收期为 1.32 年，比非项目农户投资回收期 3.47 年短 2.15 年。而有特色产业支撑的项目农户建设沼气池的累计净收益现值为 14 494.82 元，净现值为 54 933.29 元，内部收益率高达 170%，远远高于社会贴现率 10%，投资回收期仅为 0.63 年。此外，四川农村沼气发展相当于可以保护约 12.8 万公顷森林，减少水土流失约 1 164 万立方米；同时为农户减少 20% 以上的农药和化肥施用量，节约标煤约 348.79 万吨，减少 CO_2 排放量约 366.97 万吨。农村沼气的发展，不仅改变了广大农村的能源消费结构，巩固了退耕还林成果，还有效治理了农村的面源污染，推进了农村生态文明进程。

（4）农村沼气发展的农户满意度有待提高。本书从农户作为农村沼气有关政策实施的直接受益者即"顾客"视角，选择了农户期望、农户感知质量、农户感知效果、农户抱怨和农户忠诚五个维度对农村沼气发展进行农户满意度评价。结果显示，农户满意度指数为 3.132 3，折合百分制后约为 62.65%，该评价总体上看趋于正面，但满意度不高，说明农村沼气发展虽然受到大多数农户的认可，但在政策调整时应更多考虑农户的利益诉求，以提高农村沼气发展政策的供需契合度。

（5）影响农村沼气可持续发展的因素比较复杂，既受政策特征和项目特征的影响，也受农户个体特征和家庭特征以及其他环境因素的影响。定量分析表明，影响农村沼气可持续发展最主要的因素是外出务工人数（X_5）、牲畜存栏量（X_7）、建池成本（X_9）、项目施工满意度（X_{10}）、政府重视程度（X_{12}）、补贴标准满意度（X_{13}）和补贴发放方式的满意度（X_{14}）。

（6）农村沼气要实现可持续发展，必须建立和完善"政府引导、农民参与、市场驱动"的投资机制、农户需求表达机制、多元化后续服务管理机制、对相关利益主体的激励约束机制、特色产业支撑机制。同时调整和优化农村沼气发展的政策设计，如根据平原地区、丘陵地区、山区不同农户的资源禀赋和收入状况制定相应的补贴标准，并加大后期管护支持力度等。

本书的创新之处主要体现在以下几个方面：

（1）本书系统地梳理了自 2003 年农村沼气国债项目实施以来农村沼气的发展政策及其演进过程，并从政府供给和农户需求两个层面构建了农村沼气可持续发展的分析框架。

（2）本书基于农户视角，借鉴顾客满意度指数法从农户期望、农户感知质量、农户感知效果、农户抱怨和农户忠诚五个维度构建了农户满意度评价指标体系，以评估农户对农村沼气发展的满意度，为农村沼气发展的相关政策调整提供决策参考。

（3）本书采用成本收益法对项目农户与非项目农户、有特色产业支撑的项目农户与一般项目农户进行了对比分析，并提出应建立特色产业支撑机制，将农村沼气建设与当地农业产业结合起来，以充分发挥"三沼"综合利用效益，真正实现农村沼气的可持续发展。

关键词：四川省；农村沼气；可持续发展；农民满意度

Abstract

Since the 70's of the twentieth century, the pattern of traditional predatory using of resources and linear mode of economic growth caused a profound reflection of human. The mode of economic development at the expense of resources consumption will inevitably lead to unsustainable ways of production and consumption, which makes human survival and development facing severe challenges. In order to take the interests of present and future generations of mankind into account, people have to change the development mode, and to seek a new development ideas, so as to ensure the sustainable development of human and the green growth of economy.

Energy is the basic material of production and life for human; it is the basic driving force for the progress of human society and economic development, which is the most important factor to influence the sustainable development. Biogas, as a kind of renewable energy, because of its wide distribution, low construction cost and obvious economic, social and ecological benefit, has been to a priority among national energy construction. In 2003, when China promulgated "The measures for management of rural biogas construction project funded by government loans (Trial)", the development of rural biogas in China entered a golden period, by the subsidies way of the central budget investment. It has realistic significance to optimize the rural energy consumption structure, promote energy-saving emission reduction, improve the quality of agricultural products, improve rural production and living conditions of farmers, and protect rural ecological environment.

Sichuan is not only an agricultural province with large population, but it is also a province with big demand of energy resources. Because the scale of farming is relatively large and the straw resources are rich, the development of biogas for the use of rich biomass has very broad prospects. However, with the profound change of rural economic structure and social structure, the development of biogas in rural areas is facing some new situations and new problems, and it has influenced the advance of the rural biogas project in a certain extent. In order to realize the sustainable development of rural biogas, this book is based on the international background of the global energy crisis and the rise of the concept of green development in response to climate change and the implementation of the strategy of rural revitalization, the promotion of rural energy revolution and rural toilet revolution in the new era. It endows rural energy with the domestic background of the new mission of rural ecological civilization construction and agricultural green development.It analyzes the influence mechanism of rural biogas development using the sustainable development theory, public product theory, the public choice theory, the principal−agent theory and the theory of planned behavior. Combined with the practice of Sichuan, it also evaluates the effectiveness of rural biogas development since the implementation of rural biogas construction project funded by the government loans in 2003, investigates the factors that affect the sustainable development of rural biogas, and finally puts forward some countermeasures to promote the sustainable development of rural biogas.

Through theoretical and empirical analysis, the basic conclusions are as follows:

(1) Rural biogas development at this stage mainly relies on the implementation of rural biogas project, with the obvious characteristics of government orientation. Rural biogas development is mainly based on the policy objectives to alleviate the pressure of national energy, improve the rural ecological environment, improve the quality of agricultural products, and promote agricultural circular economy development. In the policy evolution process, the subsidy standard has emerged from low to high and the scope of subsidies has changed from narrow to wide; it shows that the rural biogas development has continuity in policy.

(2) Sichuan rural biogas development has achieved remarkable results, but also faces many problems. Sichuan has the advantages of foundation, resource, policy, science and technology; but other factors such as not so good geographical conditions, the farmers's low enthusiasm to participate in the construction of biogas, the serious loss of rural biogas workers, operational difficulties of rural service outlets, the lag of biogas industry development and so on, restrict the sustainable development of rural biogas. Sichuan governments at all levels attach great importance to the development of rural biogas and take positive and effective measures to promote the development of rural biogas.

(3) From the project investment, the development of rural biogas is sustainable, and has good economic, ecological and social benefits. Re-

3

search shows that, the net present value of general project with subsidies is 8 169. 71 yuan, general project without subsidies is 6 351. 53 Yuan; the internal rate of return for general project with subsidies is 84%, which is 49% higher than non-project households; payback period of investment for general project with subsidies is 1. 32 years, 2. 15 years shorter than non-project households which is 3. 47 years. And the accumulated net income of the household biogas with distinctive industries support is 14 494. 82 yuan. Net present value is 54 933. 29 yuan. The internal rate of return is as high as 170%, far higher than the social discount rate 10%, and the investment recovery period is only 0. 63 years. In addition, Sichuan rural biogas development can protect about 128 000 hectares of forest, and reduce soil and water loss of about 11 640 000 cubic meters; at the same time, it also helps reduce more than 20% of the pesticides and chemical fertilizers, save about 3 487 900 tons of standard coal, and reduce about 3 669 700 tons of CO_2 emissions. The development of rural biogas, not only changed the structure of energy consumption in rural, consolidate the achievements of returning farmland, but also effectively control the non-point source pollution, promoting the ecological civilization in rural areas.

(4) Farmers' satisfaction of rural biogas development policies should be improved. As the direct beneficiaries of "customer", the study chose the five dimensions of farmers' expectation, perceived quality, perceived effect, and farmers' complain and loyalty, to evaluate the farmers' satisfaction on rural biogas development policy. The results showed that, farmers' satisfaction index is 3. 132 3, equivalent about 62. 65%. The

4

evaluation tends to be positive on the whole, but the satisfaction is not high. The rural biogas development has required recognition by the majority farmers, but the policy adjustment should consider more interests of farmers, so as to improve the rural biogas fit.

(5) Factors affecting the sustainable development of rural biogas are very complex. It is not only influenced by policy and project characteristics, but also affected by farmers' individual and family characteristics and other environmental factors. Quantitative analysis shows that, the main factors influencing the sustainable development of rural biogas are migrant numbers (X_5), amount of livestock on hand (X_7), building cost (X_9), project construction satisfaction (X_{10}), the attention of the government (X_{12}), subsidy standard satisfaction (X_{13}) and the subsidy way (X_{14}).

(6) To achieve the sustainable development of rural biogas, we must establish and perfect the "government guidance, participation of farmers, market driven" investment mechanism, farmers demand expression mechanism, diversification follow – up services management mechanism, incentive and restraint mechanisms, and the main characteristics of industry support mechanism; adjust and optimizes rural biogas development policy design at the same time, such as to formulate the corresponding subsidy standards according to the different household resource endowments and income situation in mountain, plains, hilly areas, and increase the later maintenance support and so on.

The innovation points of this book are as follows:

(1) The paper has carded biogas development policy since the implementation of rural biogas construction project funded by government loans in 2003 and its evolution process systematically; it has established the analysis framework of rural biogas sustainable development from the two levels of government supply and farmer demand.

(2) Based on the perspective of farmers, this paper constructs the evaluation index system of farmers' satisfaction from the five dimensions of farmers' expectation, perceived quality, perceived effect, farmers' complaint and farmers' loyalty, in order to evaluate the farmers' satisfaction on the rural biogas development policy and to provide decision-making reference for rural biogas development policy adjustments.

(3) Using the cost income method, this paper carries on the contrast analysis between the project and non-project households, with industry support project and the general project of farmers, and puts forward the characteristic industry supporting mechanism, which combines rural biogas construction with the local agricultural industry, so as to give full play to the "comprehensive utilization benefit of three marsh" and really realize the sustainable development of rural biogas.

Key words: Sichuan Province; rural biogas; sustainable development; farmers' satisfaction

目录

1 绪论

1.1 研究背景及意义

1.1.1 研究背景

20 世纪 70 年代以来，传统的掠夺式资源利用方式和经济的线性增长模式引起了人类社会的深刻反思，以资源过度消耗为代价的经济发展模式必然会导致生产方式和消费方式的不可持续性，从而使人类的生存与发展面临严峻的挑战。为了兼顾当代人和后代人的利益，人类不得不改变原有的不可持续的发展方式，进而寻求一种新的发展思路，以确保人类的可持续发展和实现经济的绿色增长，这已经成为全球的共同共识（王兰英，2008）。1992 年 6 月，联合国第二次环境与发展大会在巴西里约热内卢召开，会上深刻反思了自工业革命以来的以能源资源的高消耗、生态环境的高污染为代价，以及"先污染、后治理"的粗放型传统发展模式，并在会上通过了《里约环境与发展宣言》和全球的《21 世纪议程》，从而标志着可持续发展从理念走向行动（史宝娟，2006）。能源是人类进行生产生活的物质基础，是人类社会进步与经济发展的基本动力，因而它

1

是影响可持续发展的最重要因素。 工业革命以来，世界能源消费剧增，煤炭、石油、天然气等化石能源资源消耗迅速，不少化石能源资源面临枯竭困境，因化石能源消耗导致的全球气候变化问题也成为 21 世纪所关注的最重大的环境与发展问题（杜受祜，2010）。

我国是一个人口众多、人均资源相对不足、生态环境脆弱的发展中国家。 近年来，随着工业化进程和城市化进程的快速推进，资源压力与环境约束压力也在不断增加。 据统计，我国目前约有 90% 的二氧化硫和氮氧化物、70% 的烟尘排放来自化石能源的生产和消费（世界银行报告，2012）。 2007 年，我国在《可再生能源中长期发展规划》中提出到 2020 年中国可再生能源将达到总能源消费 15% 的目标。 党的十八大报告首次将生态文明建设与经济建设、政治建设、文化建设、社会建设并列为"五位一体"的战略地位，充分表达了我国对能源建设和生态建设的重视。 世界能源发展利用的轨迹是一个由高碳时代逐步转向低碳发展时代的过程，应对气候变化的核心是如何采取有力措施减少温室气体的排放，以及如何去适应全球气候变暖的趋势，这其中减少碳排放十分关键。 我国现有的减排承诺是到 2020 年，要将单位 GDP 碳排放强度在 2005 年的基础上至少降低 40%~45%。 要实现资源节约型、环境友好型的社会建设目标，解决能源消费问题以及由此导致的环境问题，重要途径是合理开发可再生能源，转变能源利用结构。

目前，中国农村能源消费主要来源于传统的生物质能源秸秆和薪柴，能源利用效率很低。 秸秆的非资源化处理、畜禽养殖的污染以及粗放的能源消费方式，不仅给农村地区的生态环境带来了严重的破坏，也给国家能源安全问题提出了严峻挑战。 因此，如何保障能源安全和生态安全，实现绿色、低碳、循环发展，从而促进经济和社会的可持续发展，是目前我国面临的一项现实而迫切的重大战略任务。沼气作为一种可再生能源，由于其广泛的分布、较低的成本建设以及明显的经济效益、社会效益和生态效益等特点，由此成为各国能源转型发展的重中之重。

1776 年，意大利的物理学家 A.沃尔塔在沼泽地首次发现了沼气。世界上第一个沼气发生装置于 1860 年由法国 L.穆拉将简易沉淀池改装而成。随后，德国、美国分别于 1925 年和 1926 年建造了备有加热设施和气体收集装置的消化池，这也就是我们现在常见的大中型沼气工程发生装置的原型。第二次世界大战结束以后，沼气的发酵技术曾在西欧国家得到快速发展，但由于受石油市场的影响，其发展受到很大的冲击。随着世界性能源危机的出现，在各国倡导低碳经济、减少温室气体排放的同时，沼气作为一种清洁能源，又重新被提上发展日程。

我国于 20 世纪 20 年代初由罗国瑞在广东省潮梅地区建成了第一个沼气池，随之成立了中华国瑞瓦斯总行，其主要目的在于推广沼气技术。新中国成立以后，我国农村沼气建设先后经历了 20 世纪 50 年代的兴起和停办，20 世纪 80 年代的试验、恢复和起步，20 世纪 90 年代的技术突破和工艺完善，2003 年以后的快速发展，2007 年以来的建管并重这五个具有明显特征的时期（郑军，2012）。随着社会公众对环境认知的关注尤其是对食品安全问题的期待，生态农业、循环农业、低碳农业的发展成为必然，尤其是沼气技术研发日趋成熟以及应对气候变化下国家有关环境问题的激励约束政策措施的出台，也催生了新一轮沼气发展的热潮。

　　国家为了缓解能源压力，促进农村经济的绿色发展，在 2004—2019 年连续 16 年的中央一号文件中，都有对农村沼气发展的重要论述。 2014 年名为《关于全面深化农村改革加快推进农业现代化的若干意见》的文件指出，要"因地制宜发展户用沼气和规模化沼气"。党的十六届五中全会上明确提出，要"大力推广农村沼气，发展符合农村特点的清洁能源"。《中华人民共和国国民经济和社会发展第十二个五年规划纲要》也明确指出，要"加强农村能源建设，大力发展农村沼气、农作物秸秆及林业废弃物利用等生物质能源，改善农村的生产生活条件"等，而且将农村沼气工程列入新农村重点建设的内容，提出要让 50% 以上的适宜农户用上农村沼气。 按照《可再生能源中长期发展规划》提出的规划目标，到 2020 年我国沼气利用总量每年要达到 440 亿立方米。 其中，农村沼气的利用量要达到 300 亿立方米，到那时农村沼气将成为 8 000 万（约 3 亿人）农村居民生活的主要燃料。

　　为适应农业生产方式、农村居住方式、农民用能方式的变化，自 2015 年起，国家对农村沼气工程进行转型升级，积极发展日产沼气 500 立方米及以上、能有效推进农牧结合和种养循环、促进生态循环农业发展的规模化大型沼气工程。 随着国家发展改革委和农业部关于《2015 年农村沼气工程转型升级工作方案》的联合印发，标志着我国沼气发展迈出转型升级的新步伐。 习近平总书记在 2016 年的中央财经领导小组第十四次会议上对农村沼气发展做出重要指示，要求以沼气和生物天然气为主要处理方向，以就地就近用于农村能源和农用有机肥为主要使用方向，力争在"十三五"时期，基本解决大规模畜禽养殖场粪污处理和资源化问题。 2017 年，国家发展改革委和农业部联合印发了《全国农村沼气发展"十三五"规划》，系统提出了"十三五"农村沼气发展的指导思想、基本原则、目标任务、发展布局、重大工程、政策措施和组织实施要求，从而为下一步农村沼气发展指明了方向。

特别是自农业部、国家发展和改革委员会于 2003 年在全国启动了农村沼气国债项目建设以来，仅中央预算内投资农村沼气国债项目资金就达 300 多亿元。 在中央投资的带动下，我国农村沼气进入快速发展时期，从而形成了农村户用沼气、小型沼气、大中型沼气工程等多元化共同发展的新格局。

1.1.2 研究意义

党的十九大提出乡村振兴战略，如何落实"产业兴旺、生态宜居、乡风文明、治理有效、生活富裕"的新要求，协调经济发展与环境保护问题，切实发挥农村沼气功能推动农业农村绿色发展至关重要。 农村沼气的发展联结了农业生产、农民生活和农村生态三个环节，前带养殖业，后促种植业，把能源建设、生态环境建设、产业发展和农民增收链接起来，被广大农民赞誉为新时期最重要的"民生工程""富民工程"和"德政工程"。 因此，发展农村沼气既是实施乡村振兴战略、建设美丽宜居乡村的重要抓手，又是一项改善农村人居环境、减少农村面源污染、推进乡村生态文明建设的清洁能源工程，还是发展现代农业、提高农产品质量安全、实现农业高质量发展的惠民项目，更是应对气候变化危机下，建设资源节约型和环境友好型社会、保护生态环境实现绿色可持续发展的必然要求。 因此，农村沼气的发展是一项集经济效益、生态效益和社会效益于一体的复杂的系统工程，这对于优化广大农村地区能源消费结构、保障国家能源安全、促进农村节能减排都具有重大意义。

然而，农村沼气的发展在新时期也面临着一些新情况、新问题，具体表现在以下几个方面：第一，受农户发展农村沼气积极性的影响。一方面，随着农村沼气池的建设所需要的原材料，特别是人工成本等费用的上涨以及建池后管护费用的提高，考虑到目前农村沼气政府补贴资金尚不足建池成本的50%，农户自筹资金压力比较大，因而农户建池意愿有下降趋势；另一方面，随着农村经济社会的发展以及农村基础设施条件的改善，农民可选择的生活能源日趋多元化，能源使用的便捷性成为生活水平较高的农户考虑的首要因素，因此，农村沼气发展面临被商品化能源替代的威胁。与用电、天然气等能源相比，虽然农村沼气的经济性占有一定优势，但受农村日渐"空心化"的影响，农村越来越多的青壮年劳动力外出务工，留守的多是"386199部队"（妇女、儿童、老人），承担农村沼气的建设、管理和维护等任务比较困难，因而近年来选择商品能源的农户逐年增多，这也在一定程度上影响了农户使用沼气的积极性。第二，受到农村畜禽养殖方式变化的影响。一方面，由于生猪市场价格的波动，单个小农户应对市场能力较弱，许多家庭被迫退出生猪养殖市场，各地的养殖业正从散户养殖逐步转向规模化养殖方向发展；另一方面，随着农村经济结构的变化，尤其是农村城镇化和新农村建设的推进，农民生产生活和居住方式都有了较大的改变，原来常见的普通农户饲养7~8头猪的情况，现在变成了很多农户仅养一头猪留待自家宰杀享用，农户散养量迅速减少，加上家庭人口规模小，农村沼气的发展面临原材料短缺等问题，从而影响了农村沼气的可持续发展。 第三，农村沼气发展的市场化问题。标准化、规模化、专业化、市场化是未来农村沼气发展的必然趋势，而现行农村沼气发展不管是从项目的施工、灶具采购还是后续服务的提供上讲，主要是以政府为主导，市场参与程度比较低。 而且现行农村沼气的补贴政策定位于政府给农民的一种福利，主要是以满足农民解决自家生活用能为主，农村沼气的发展缺乏相关产业的支撑，从而制约了农村沼气的可持续发展。 因此，如何发挥市场在原材料投入、产出沼气供需不平衡等方面的盈余调节作用，在沼气"建、管、用"各环节引入市场元素，把农村沼气的发展当作一个新兴产业来培植，进一步完善其发展政策是值得研究的问题。

四川既是人口大省，又是农业大省，同时还是能源资源的需求大省。 农村养殖规模相对发达，具有丰富的秸秆资源，利用这些生物质原料发展农村沼气具有广阔前景。 然而，随着农村经济结构的深刻变化，"留守型"和"饥饿型"沼气池只会增加不会减少，在一定程度上也影响了农村沼气有关项目的继续推进。 为了实现农村沼气的可持续发展，必须对农村沼气在发展过程中出现的新情况、新问题进行积极反映。 鉴于此，本书在剖析农村沼气发展影响机理的基础上，结合四川实际，探讨农村沼气可持续发展路径。 本书的研究，具有十分重要的理论意义和现实意义。

1.2 国内外研究进展

1.2.1 国外研究

纵观现有文献，国外研究主要集中在以下几个方面：

　　首先，从技术层面关注沼气发展的可行性。马修·伊洛林（2007）提出在发展中国家，尤其是在缺乏热能和电能，但生物废弃物充足的农村地区，可以选择大力推广农村沼气技术。印度是继中国之后拥有农村户用沼气数量最多的发展中国家。一方面，由于该区域的自然温度比较高；另一方面，印度还拥有世界上最多的牛饲养量，43%的农户拥有4头以上的牛，因而发展农村户用沼气有很大的潜力（辛哈，1990）。

　　其次，主要关注沼气在发展中存在的问题。米克尔·兰茨和马莘亚斯·斯文森（2007）对瑞典沼气在推广中存在的问题进行了实证研究，认为政策对沼气的发展起着十分重要的导向性作用。艾格尼丝·戈德弗雷·姆瓦卡（2008）认为，沼气池建造成本过高和严重缺水是制约坦桑尼亚地区户用沼气推广的瓶颈，已建沼气池的质量低劣也大大影响沼气池的利用效果。杰辛塔·姆维里基（2009）以肯尼亚那库鲁地区不同地形的沼气使用者为研究对象，试图找出影响农户使用沼气的因素及其影响程度。拉杰布·高塔姆（2009）认为，温度条件是严重影响尼泊尔农村户用沼气发展的重要因素。

　　最后，主要关注沼气发展所带来的影响方面。哈里卡图瓦尔和阿洛克·波哈拉（2009）提出，应从健康收益、妇女维权收益、农业收益、环境收益以及就业增加收益等多个方面对沼气发展带来的影响进行综合评价。维萨·阿西凯宁（2004）采用室内环境质量、土壤质量以及生物数量作为环境参数，从当地和全球范围的角度来估算大规模的沼气使用对于人类环境所产生的影响，并且通过将沼气与其他生物燃料、石油液体燃料进行对比，估算出二氧化碳、一氧化碳、甲烷以及一氧化二氮的排放量。克鲁克斯·安吉拉（2005）

认为，以沼气为纽带的农业生产模式，有机肥的使用不仅可以减少对环境的污染，还可以提高农作物产量。格兰德·马克西姆和盖多斯·埃里克（2010）认为，甲烷和二氧化碳是沼气的主要成分，同时也是温室气体的重要组成部分，人类在发展沼气的同时，也加速了全球的气候变暖。

1.2.2　国内研究

总体来看，国内学者主要是从几个方面来研究农村沼气。

1.2.2.1　农村沼气的综合利用模式研究

目前，学者们的研究主要集中在"三位一体""四位一体"和"五位一体"等以沼气为纽带的综合利用模式探讨方面。具体来看，"三位一体"主要是指南方地区的"猪-沼-果"能源生态模式。蒋远胜、邓良基、文心田（2009）重点介绍了适合丘陵地区发展的"粮-猪-沼-果（菜、药）"和"粮-酒-糟-猪-沼-粮"两种循环农业模式及两个循环链中集成的先进技术，认为实施循环经济型现代农业技术集成与示范十分必要。吴卫明（2006）通过对安徽贵池区"猪-沼-茶"农业生态系统的分析指出，该模式能兼备能源效益、经济效益、社会效益和环境效益。董宜来、孔长青、卜平（2007）通过对江西平阴县西山村的"鱼-沼-猪"生态养殖模式的调研，指出该模式不仅降低了农户的生产成本，同时也减少了对环境的污染。牟晓莹（2010）从政策扶持引导、技术体系、生产模式以及组织方式四个角度，分析了重庆市涪陵区营盘村"猪-沼-菜（果）"模式的成功经验。"四位一体"模式主要考虑北方比较寒冷，在农村沼气工程建设时必须采取增温保温措施，由此在"三位一体"模式的结构上多了日光温室部分。吴晋斌、马小林、苏汉卿（2011）通过对晋中市榆次区石羊坂村的实地调研发现，"'四位一体'+太阳能路灯+太阳能热水器"模式，有效地改变了农民的生活方式。"五位一体"模式由高效沼气池、太阳能畜禽舍、卫生厕所、节水灌溉系统、蓄水窖组成，由于引入了节水措施，大大缓解了西北地区水资源短缺、果园灌溉难的现实情况，因此该模式适合气候干旱、严重缺水的地区（陈豫，2011）。李克敌、黎华寿（2008）通过实地调研，分析了"五位一体"生态农业模式的经济合理性。栗红（2012）对比分析了河北省邯郸市永年区"猪-沼-菜（果）""庭院立体经营""种-养-加-贸"等模式的优点和缺点。侯利芳（2014）指出，以沼气为纽带的循环型生态农业发展模式是一种环境友好型农作方式，不仅可以解决农民的生活能源问题，还有利于解决土壤中营养物质的循环利用问题，是现代农业发展的必然方向。

1.2.2.2 农村沼气发展的效益分析与评价研究

在沼气发展效益分析方面，学者们结合不同地区的实际情况，从不同角度进行综合评价。郝先荣、沈丰菊（2006）建议选取农村沼气池建设的初始投入、能源的直接产出、直接的经济效益以及生态环境效益等相关指标，对农村沼气的发展进行综合效益评价。吴靖、韩兆兴、王逸汇（2007）对陕西省淳化县农村户用沼气池和户用堆肥池进行了成本与收益的比较分析。路娟娟、尹芳（2007）以河南省伊川县路庙村为例，评价了该地区发展以沼气为纽带的生态农业模式在经济、社会和生态等方面产生的综合效益。 石方军、薛君、王利娟（2008）利用 BIA 指标体系，考察了河南省农村沼气综合利用示范项目的经济效益和社会效益。 刘钦、刘超锋、赵言文（2008）通过运用模糊数学综合评价法以及层次分析方法，从经济效益、生态效益及社会效益角度出发，以江苏省常州市金坛区为例，对金坛区生态农业规划实施前后的发展状况进行了对比分析。 王兰英（2008）系统分析了农村沼气的生态校园模式产生的经济效益、生态效益和社会效益。 胡艳霞、李红、王宇等（2009）采用能值分析方法对北京郊区典型万头猪场的生态经济效益进行了综合评估，得出循环生态经济系统在财务上具有可持续性的结论。 张鑫（2010）认为凌源市的"生态家园""四位一体"和"菜-沼-果"等农业生态发展模式给农民带来了明显的经济效益、环境效益以及社会效益。 雷震宇（2011）通过对淮南市潘集区的实地调研，以及对安徽亚强公司和安徽华茂公司的污水处理工程进行研究，分析其带来的环境效益和经济效益。 刘萧凌（2012）指出沼气的替代效应具有差异性，农村沼气对于商品能源的替代效应明显高于传统生物质能源。 陈豫、杨改河、胡伟等（2012）采用全生命周期成本（Life Cycle Cost，简称 LCC）评价方法，对农村沼气池的全部生命周期过程中的环境影响和经济效益进行了定量评价，研究结果表明：8 立方米的农村户用沼气池全生命周期对环境影响的负荷约 1.641 8 人当量，其经济收益约 835 元，而成本回收期约 3.69 年，全生命周期成本约 3 082 元。

也有学者只选择其中某一个方面进行研究：①有关农村沼气发展的经济效益研究方面。 狄崇兰（2006）通过对入户调研的数据对比研究，得出农户建设农村沼气池具有良好的经济效益的结论。李熊光（2007）、吴罗发（2007）、张萍（2008）、彭新宇（2009）、崔艳琦（2009）、陈小州（2009）、刘叶志（2009）等采用成本-收益法，通过对农村沼气池的建设和运行成本与产生的直接经济效益进行对比分析，结果显示，农村沼气发展具有明显的经济效益，而且具备较强的抵抗风险能力，因而具有很好的推广价值。张培栋、李新荣、杨艳丽等（2008）运用国际通用的温室气体减排量的有关计算方法，以我国的大中型沼气工程为估算对象，并参考国际碳交易市场的现时价格，系统分析沼气工程建设所带来的温室气体减排量的经济效益。蒲小东、尹勇、邓良伟等（2010）以养猪场废水处理的沼气工程为例，对比分析了太阳能、沼气锅炉以及沼气发电余热利用这三种方式的经济效益。陆娜娜、任鹏、张雪晶等（2011）以北京市农村某沼气站为例，评估了该沼气站的投资绩效。②有关农村沼气发展的生态环境效益研究方面。张培栋、王刚（2005）借鉴了被国际上广泛认同的有关减排量的计算方法，对农村沼气发展所替代的薪材等传统生物质能源以及其他商品化能源如煤炭、液化气等，所产生的二氧化碳和二氧化硫的减排量进行了详细分析和测算，说明农村沼气的发展可以有效地减少对二氧化碳和二氧化硫的排放。李萍、王效华（2006）将环境收益纳入成本-收益分析思路中，并将农村沼气发展对环境产生的影响以货币的形式体现出来。王小艳（2007）基于生态学和可持续发展理论，采用生态综合指数法和层次分析法，初步构建了农村沼气发展对生态环境影响的评价指标体系。刘黎娜、王效华（2008）以北方"四位一体"沼气生态农业模式为例，对农业生态环境的影响进行了评价，结果显示，农村沼气在整个生命周期内的污染物排放量仅相当于煤炭燃烧所产生的污染物排放量的 20% 左右。 张嘉强（2008）从生态效益和环境效益两个方面一共选取了减少森林破坏率、供应农田有机肥、提高污水处理率、提高人畜粪便处理率、提高二氧化硫减排率、增加土地生态破坏率六个指标构建了农村户用沼气能源生态效益评价指标体系。 关阅章、黄宏畅、茅夫等（2009） 以湖北省恩施市三龙坝村作为实证研究区域，并对该村因农村能源结构改变所带来的生态效益进行了分析。 衣婧（2010）运用生态足迹（Ecological Footprint,简称 EF）分析方法，重点探讨了农村沼气的发展对农村生态系统的影响，分析结果表明，人均生态足迹需求减少，可以减少生态赤字，从而对生态经济系统的稳定性有一定的积极贡献。 林妮娜、庞昌乐、陈理等（2011）运用能值分析法对山东省淄博市畜禽养殖场沼气工程和秸秆沼气工程两种模式的投入和产出效果进行了十分详细地计算和分析，研究结果显示，秸秆沼气和畜禽养殖场沼气两种工程都具有非常高的生态经济效益。 陈绍晴、杨谨、宋丹（2012）综合考虑农村沼气建设的初始投入和后续管理、使用等全部过程，对农村沼气的综合利用在每个阶段的节能减排的详细清单进行核算，并评价了农村沼气工程的环境效益。 温晓霞、李长江、眭彦伟等（2012）依托陕西省退耕还林地区户用沼气减排项目，对 6 个乡镇 2 543 个农户的农村沼气工程生态环境效益进行了评价，结果表明，退耕还林地区农村户用沼气池的建设，不仅有效保护了林地资源、增加了森林覆盖率，而且还减少了对温室气体和大气污染物的排放。

由此可见，在沼气利用的效益分析与评价方面，学者们主要围绕农村沼气利用的经济效益、生态效益和社会效益这三个方面展开论述，研究方法也从定性分析转向定量评价发展。

1.2.2.3　影响农户发展农村沼气的因素研究

汪海波、辛贤（2007）采用 1998—2005 年全国层面的有关数据，对影响我国农村人均沼气消费的因素进行分析。结果发现，农户消费理念、农民人均收入、传统薪柴资源可获得情况以及当地的商品能源价格等因素对农村沼气的消费选择具有非常显著的影响。金鑫（2007）采用 Logistic 回归模型筛选出对农户是否采纳沼气影响呈正向显著的业余爱好、环境意识、农户收入三个因素。康云海（2007）通过对云南山地农户行为对农村沼气发展的影响分析认为，农村能源具有明显的外部性，从而导致山区农户发展农村沼气积极性不高。徐晓刚、李秀峰（2008）认为气候条件尤其是温度，对农村沼气建设和使用起着关键性的影响作用。瞿志印、徐旭晖（2008）则认为农户观念、经济水平、沼气技术三个方面对农村沼气的发展有很大的影响。崔奇峰、王翠翠（2009）指出，人均生猪饲养头数、受教育年限对农户是否选择农村沼气发展的行为呈正相关,而人均收入水平、家庭外出务工所占比例的情况、农户是否位于粮食主产区域、农户液化气的使用等因素对农户在农村沼气消费的选择行为上呈负相关方向影响。杨占江（2008）、侯向娟（2008）认为政府投资力度不够是影响欠发达地区农村沼气发展的主要原因。孙玉芳（2009）以北京、广东、江苏、浙江等发达地区农村沼气的发展情况为例，研究发现，农村沼气原材料的可获得性、政府所提供的有关农村沼气方面的管理和服务水平，是影响经济发达地区农户是否愿意选择发展农村沼气的显著性因素。盛颖慧（2010）

认为，政府的沼气推广对农户采纳农村沼气的行为有导向性作用，农户采纳沼气行为决策过程可以划分为五个步骤，即农户对能源消费的认知、农户采纳沼气技术的欲望、信息的搜寻与评价、选择与采纳、评价与反馈。 王维薇（2010）指出，影响农户是否长期使用农村沼气的因素主要包括农户家庭的外出务工人数、农户的畜禽养殖情况、综合利用所产生的收益、环境保护意识、当地合格的农村沼气技术工人的数量和相关零配件的质量等。 王士超、梁卫理、王贵彦（2011）认为，充分考虑农户意愿和承受能力是关键。 柯明妃（2011）对福建泉州实证分析表明，常住家庭人口规模、户均生猪饲养量、农户种植面积以及是否使用商品能源对农户参与沼气池建设影响显著，而且呈正向影响。 任龙越（2012）从农户角度分析发现，原料来源减少、沼气池运行故障且缺乏专业人员及时维修、家中人手不够等是农户弃置沼气池的主要原因。 柏清玉、曲玮、魏胜文等（2013）研究结果显示，农户对农村沼气技术的选择受到农户自身的禀赋以及决策环境的共同影响。 丁冬、郑风田（2013）以贵州省丹寨县 130 个自然村为实地调研区域，发现农村沼气的发展不仅受村庄和农户自身的经济发展状况的影响，而且还受政府对于农村沼气发展有关政策的落实情况的影响。 王达、张强（2013）指出政府补贴的成本覆盖率平均还不到 30%，极大影响了农户建造农村沼气池的积极性，因而如何制定一个科学合理的补贴标准显得十分重要。

由此可见，农户对农村沼气的消费偏好不仅受农户的预期收益和支出等经济方面因素的影响，同时还受农户自身行为、心理特征以及诸多外部环境如政府政策等非经济因素的影响。 而农户是否选择建设和使用农村沼气，其行为结果是基于其自身效用最大化而做出的理性选择。

1.2.2.4　农村沼气发展存在的问题及对策研究

农业部科技教育司（2009）调查发现，我国沼气占农村生活能源的比例已经从 2000 年的 0.4% 上升至 2009 年的 1.9%，从而成为广大农民重要的生活能源消费选择。然而，农村沼气在发展过程中，依然存在补贴效率低、行政成本高等问题。王国艳（2014）指出，农村沼气项目只有建设资金补贴，没有管理经费补贴，导致农村沼气服务网点的生命力难以维持。韩军（2005）认为"重建轻管"思想成为农村沼气发展主要障碍之一。吴树彪、翟旭、董仁杰（2008）分析认为，农村畜禽养殖方式的转变尤其是散养户的减少，将导致部分农村沼气池由于原材料的不足而被迫停用甚至被废弃。由于宣传力度不够，农户对农村沼气的发展尤其是以沼气为纽带的农业循环经济发展与自身利益关系认识不到位（吴明涛，2008），因而建议通过农村沼气综合利用效益的发挥，实现农户的被动参与向主动发展的转变（刘叶志、余飞虹，2009）。庞凤仙、那伟、张永峰（2009）认为，农村户用沼气发展最主要的困境是农户经济承受能力有限，而"以政府为引导，农民自身投入，项目支持，部门帮扶"的筹资模式，应是解决农村沼气发展资金严重短缺的有效途径（包红霞、杨改河，2008）。陈慧敏（2009）根据农村沼气政策在湖南省的具体实施情况，指出了在政策实际执行过程中，仍然存在资金投入严重不足且投入失衡、个别项目在进行申报时缺乏合理规划、个别项目的审批环节过于烦琐、沼气相关服务滞后、沼气技术工人队伍不稳定等问题。李莉莉（2009）对江苏省沼气协会、个人承包制沼气物业服务站和股份合作制沼气物业服务公司三种农村沼气物业化管理模式的具体组织形式和运行机制进行了系统地分析和比较研究，指出了三种农村沼气物业化管理模式的优点、缺点以及各自的适应性，并剖析了这三种模式的应用前景。刘莹玉（2010）在分析总结湖北省农村地区四种典型的政府参与型模式的成功经验基础上，通过引入物业化管理的有关理念，提出了完全市场化模式构建的必要性，并通过设置沼气物业化管理机构的思路实现对该模式的构建。王金辉（2010）以聊城市为研究对象，对农村沼气能源开发的生产技术水平、投入情况、收益水平、后续服务管理、面临的主要障碍做了系统的调查分析与研究。罗雨国（2010）以农户、村级组织、技术部门和政府为研究对象，通过对其相互关系进行分析，提出构建以农村户用沼气合作组织为纽带的农村沼气发展机制设想，进而提出确保该机制运作的具体思路和政策建议。冯大功（2010）结合随州市发展实际，指出当前农村户用沼气的发展主要是受农户观念、农民生活习惯、沼气技术本身、沼气相关产业的发展相对落后、农村沼气后续服务体系不健全等因素的制约。周兆霞（2011）认为在农村沼气快速发展进程中存在很多问题，尤其是沼气后续服务管理问题极大地制约了农村沼气正常效益的发挥，从而影响了农村沼气产业化的进程。王元勇（2012）在对贵州省镇宁县的实地调研发现，该县农村沼气发展存在的问题总体上可以归结为工程运行和项目管理两个方面，前者主要表现为农户建池积极性不高、后续服务管理差、综合利用效率低；后者主要表现为项目管理混乱。李潇晓（2012）认为，沼气产业要获得长远发展,必须要与当地的环境资源、气候资源以及农业资源等相结合才能形成区位优势; 陈豫（2011）提出应做好农村沼气区域适宜性分析与可持续性研究, 从而实现我国农村沼气的合理布局和可持续发展。

1.2.2.5　有关农村沼气国债项目的研究

李兵（2006）认为, 农村沼气国债项目暂行办法中规定的项目村户用沼气的规模化水平达80%的要求, 极大地挫伤了非项目村农户建池的积极性。 李军（2008）认为, 沼气施工技术人才的缺乏制约了农村沼气国债项目的有序推进。 陈慧敏（2009）根据农村沼气发展的有关政策在湖南省的具体实施情况指出, 在政策的执行过程中还存在项目的申报缺乏科学规划、项目资金的投入严重不足以及资金投入不平衡等问题。 王建（2010）调研了浙江文成县黄坦镇占里村实际情况, 指出农村沼气国债项目的实施使该村实现了庭院经济的高效化、家庭能源的清洁化和农业生产的无害化, 是引领山区农民走向生态家园发展的致富之路。 张兰英（2010）结合自身从事县级农村沼气20多年的工作经验, 总结出农村沼气国债项目建设存在的主要问题, 包括个别领导重视不够、意识较差, 宣传不到位, 相关的技术力量比较薄弱, 沼气专项配套工作经费投入不足或者配套资金到位率比较差, 甚至存在项目资金的挪用或挤占现象, 等等。 张俊浦（2010）认为, 在行政力量和市场经济的双重作用影响下, 参与农村沼气国债项目建设中的农民从某种程度上看, 是处于一种自身利益与相关制度约束之间的博弈过程中, 农户本质上处于强制性和自愿性之间的尴尬局面, 因而他强烈呼吁政府不能盲目追求政绩工程，应当改变做法，在政策的制定者与参与者农户之间，建立一种相互信任、相互尊重的平等合作关系，赋予农民更多的话语表达权利。 王晓荣（2011）认为，农村沼气国债项目建设是一项兼顾经济效益、社会效益以及生态效益的农村基础设施工程建设，通过对有关项目的审计结果发现存在些许问题，即不按计划实施项目、建设达不到事前的设计标准、资金的配套不到位、资金损失浪费严重、建设的规模效益难以发挥、后续管理和服务不到位等。 郑军（2012）针对我国农村沼气国债项目实施存在的问题，从思想意识、资金来源、运行体制、服务建设四个层面提出了政策优化建议。

1.2.2.6 有关四川农村沼气发展的研究

针对四川的情况，中共四川省委政策研究室课题组（2006）认为，四川农村沼气建设面临中央和省委对沼气建设的高度重视以及广大农民群众建沼气池的高涨情绪，而部分县乡对沼气推广工作却比较冷淡，推广力度不够，从而导致"两头热、中间冷"的局面；不仅面临科研和应用方面存在"两张皮"现象，即各自一体，互不相干，还会面临建设质量与发展速度难统一、经济性与公益性建设两条道难平衡等局面。 文华成、杨新元（2006）以四川省什邡市为例，认为当前发展沼气面临的主要问题除了技术、资金外，还有市场约束。 方行明、屈锋、尹勇（2006）认为，四川在沼气建设上不断加强技术创新，增加科技含量，大力推广沼液回流冲圈以及玻璃钢拱盖沼气池等新技术，从而确保了农村沼气发展进度和工程建设质量。 李铁松（2007）指出，在四川省南充市农村沼气能源建设中，政府扮演了重要角色，政府通过市场价格、税收和信贷优惠以及财政补贴等多种手段，为农户建设沼气池提供了多渠道的资金支持。贾西玲、王康杰（2008）认为，四川摸索出的"建管分离"的运行机制，走出了一条"招标公司承包项目、农能部门监管质量、物价部门核定工资、财政部门统管经费、干部群众全员监督"的新路子，使农村沼气建设更加阳光、透明。姜文斐、王斌（2009）分析了农村沼气建设对四川节能减排的贡献，并提出发展农村户用沼气可以获得更多的热能，并达到节能减排的目标。周了（2010）认为，四川农村户用沼气发展，应倡导适宜四川省农村地区户用沼气发展的"猪-沼-果"生态农业模式理念，并提出应提高领导认识、完善管理体制、建立服务体系以及规范市场产品等建议。何周蓉（2010）结合四川绵阳市丘陵地区发展"猪（鱼、兔、蚕）-沼-电-粮（菜、果、菇）"的农村沼气生态农业发展模式实际，分析了农村沼气发展对农户的家庭经济、农村环境和农村能源消费水平及结构等方面带来的影响，从而指出，在偏远的丘陵地区推广农村沼气生态农业综合利用模式，不仅可以转变农村传统的用能结构，还可以改善农户的生活环境以及增加农民收入。杨敏（2011）从农户和国家两个角度，系统分析了农村沼气池投资建设所产生的经济效益及其影响因素。覃发超、李丽萍、王海鹏（2011）提出将沼气发展逐步由政府推动、财政扶持转向市场运作，力争实现"小沼气、大作用"。黄鑫、张艾林、夏丽（2012）介绍了在CDM（清洁发展机制）机制下四川省德阳市的沼气发展现状，认为CDM机制给四川省德阳市的沼气发展带来了新机遇。

1.2.2.7　有关公共项目效果评估的研究

公共项目是公共部门为提供公共产品或服务而进行的公共设施建设的活动（高喜珍,2009）。 由于公共项目是政府部门履行公共职能的主要载体，随着公共项目及其产生的结果问题受到社会普遍关注，项目绩效评价成为政府公共项目管理的重要工具。 王念彪（2007）从项目的组织管理、项目的完成效果、项目的资金管理等方面进行评价。 颜艳梅（2007）采用平衡计分卡法，从内部流程、财务、顾客以及学习和成长等方面构建了公共项目的绩效评价体系。 彭莉（2007）从经济效益、社会效益、生态环境效益、资金保障、实施管理五个维度构建了一套评价框架。 吴建南（2009）从投入、产出、结果、影响四个维度构建了一个多维的评价体系。 刘淑娟（2009）从大型建设项目绩效的四大关键影响因素、工程生命周期和平衡计分卡三个角度建立了一套适合大型建设项目的绩效评价指标体系。 陈豫（2011）采用生命周期评价及生命周期成本方法对户用沼气池全生命周期的环境影响和经济效益进行了定量评价。 从项目评估框架来看，主要有"3E 理论"和"3D 理论"。"3E"理论，即经济（Economy）、效果（Effectiveness）和效率（Efficiency）；"3D"理论，即设计（Design）、诊断（Diagnosis）和发展（Development）。从评价方法上看，主要包括逻辑框架法、平衡积分卡、比较分析法、功效系数法、层次分析法、主成分分析法、DEA 法、物元分析、模糊综合评价和顾客满意度指数法等。

1.2.3　简要述评

综上所述，有关农村沼气的研究无论是从对微生物学发展到对生态学、经济学、社会学等多个学科领域的研究，还是从农村沼气的综合利用模式、发展存在的问题等定性研究领域到借助各种数学方法、计量工具的效益评价、影响因素等定量、实证研究范畴，都取得了大量的学术成果。然而，从已有文献统计情况来看，通过对中国知识资源总库（CNKI）所有数据库的检索，主题包含"农村沼气"的文章有 7 644 篇，在这些文章中题名为"农村沼气"的文章有 2 485 篇（见表 1-1），其中硕士论文 29 篇，博士论文 3 篇，且大多数为农村沼气部门相关工作人员的工作总结或者经验介绍。鉴于现有的文献中专门针对农村沼气可持续发展方面的系统研究还不多见，尤其是对于自 2003 年农村沼气国债项目实施以来的政策效果关注和反思不够，还没有形成一套完整的理论分析框架。因此，构建农村沼气可持续发展的分析框架，从政府宏观管理角度和农户微观层面客观评价农村沼气发展的有效性，审视农村沼气发展亟须调整的方向还有待更深入的研究。

表 1-1　　　中国知网有关农村沼气研究文献统计情况

文献来源	农业经济	资源与环境科学	新能源	农业工程	农业基础科学	其他
期 刊	544	24	251	371	39	0
硕士论文	12	1	8	8	0	0
博士论文	1	0	0	2	0	0
会 议	76	30	6	9	31	0
报 纸	881	22	28	42	56	33
科技成果	0	0	9	0	1	0
合 计	1 514	77	302	432	127	33

资料来源：中国知网检索报告整理。

1.3 研究目标与研究内容

1.3.1 研究目标

本书的研究目标主要是对农村沼气发展的影响机理进行剖析，并结合四川实际，探究农村沼气发展的有效性和影响农村沼气可持续发展的因素，提出农村沼气可持续发展的对策建议，以期为农村沼气有关政策调整提供参考。 具体而言，主要包括以下几个方面：

(1) 构建农村沼气可持续发展的分析框架；

(2) 剖析农村沼气发展的影响机理；

(3) 评估农村沼气发展的有效性；

(4) 探讨农村沼气可持续发展路径，提出政策优化方向。

1.3.2 研究内容

本书的研究内容，主要涵盖以下几个方面：

(1) 农村沼气发展的影响机理。 运用可持续发展理论、公共产品理论、公共选择理论、多层委托代理理论、计划行为理论等，结合农村沼气发展政策供给，剖析农村沼气发展的影响机理。

(2) 四川农村沼气发展的现状及问题。 系统梳理自 2003 年农村沼气国债项目实施以来四川农村沼气发展的概况和主要举措，分析四川农村沼气发展的现状及其条件以及存在的主要问题。

(3) 农村沼气发展的效益分析。 结合四川实际和实地走访的重点村镇和农户情况，分析农村沼气发展的经济效益、生态效益和社会效益。

(4) 农村沼气发展的农户满意度评价。 基于农户微观层面，采用问卷调查法了解农户对农村沼气发展的认知和政策满意度。 以实地调查农户获取相关数据为基础，借鉴顾客满意度指数法评估农村沼气发展的农户满意度。

(5) 农村沼气可持续发展的影响因素分析。 结合新时期农村沼气发展面临的形势，探讨影响农村沼气可持续发展的因素。

(6) 农村沼气可持续发展的对策建议。 结合理论分析和实证研究结果，探讨农村沼气可持续发展的路径，提出政策优化方向。

1.4 研究思路与技术路线

本书遵循"提出问题—现状分析—效果检验—对策建议"的逻辑思路，立足于全球性能源危机和应对气候变化下可持续发展理念兴起的国际背景与新时代推进农村能源革命、农村"厕所革命"，以及赋予农村可再生清洁能源在农村生态文明建设和农业绿色发展新使命的国内大背景，运用可持续发展理论、公共产品理论、公共选择理论、多层委托代理理论、计划行为理论等剖析农村沼气发展的影响机理，结合四川实际，对农村沼气发展的有效性进行评估，并探讨影响农村沼气可持续发展的因素，最后提出农村沼气可持续发展的对策建议。 详细技术路线如图 1-1 所示。

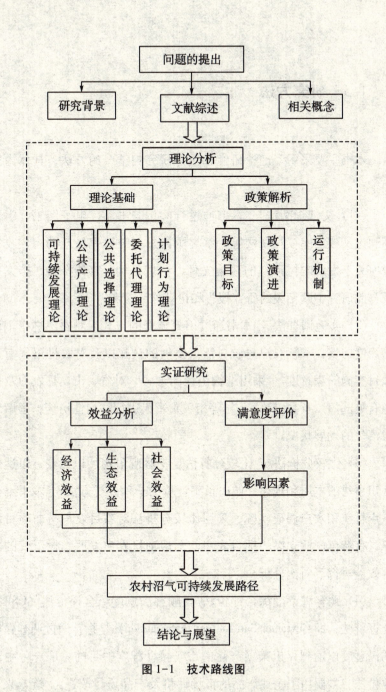

图1-1 技术路线图

1.5　研究方法

本书主要采用了理论研究和实证研究相结合的方法，具体内容如下：

（1）文献查阅法。　本书通过查阅相关书籍、电子图书、学术期刊论文数据库、互联网等，掌握国内外相关研究最新动态；收集政府关于发展农村沼气的政策文件、法规条例、宣传资料、档案以及与此研究主题相关的研究报告和论著作为参考。

（2）实地调查法。　本书通过田野调查的方式，对农户进行个别的深度访谈，了解农户对农村沼气发展的认知以及对农村沼气有关项目实施的满意度。　采用结构访谈的形式，对省、市、县农业及能源有关部门以及乡（镇）、村等相关负责人进行结构性访谈，了解农村沼气的发展状况。

（3）比较分析法。　比较分析法是把客观事物加以比较，以达到认识事物的本质和规律并做出正确评价的一种分析方法。　本书结合重点村镇和农户调研实际，采用比较分析法对项目农户与非项目农户、有特色产业支撑的项目农户与一般项目农户发展农村沼气的经济效益进行了对比分析。

（4）顾客满意度综合评价法。　顾客满意度综合评价法（CSI 综合评价法，即 Customer Satisfaction Investigation）是指，通过调查顾客的满意度以达到评价某项产品的市场接受程度的目的，是一种主观评价法，主要用于企业产品的市场评价及产品质量改进。　近年来，该方法被引入公共管理中，并发展成为公众满意度调查（Public Satisfaction Investigation），也被广泛应用于政府公共产品或服务的供给绩效评价。本书在农户问卷调查获取数据的基础上，采用顾客满意度（CSI）综合评价法构建农户满意度的指标体系并进行统计分析，从农户层面对农村沼气发展进行评价。

1.6　研究创新点

（1）本书系统梳理自 2003 年农村沼气国债项目实施以来，农村沼气发展政策及其演进过程，并从政府供给和农户需求两个层面构建了农村沼气可持续发展的分析框架。

（2）基于农户视角，本书借鉴顾客满意度指数法（C-CSI）从农户期望、农户感知质量、农户感知效果、农户抱怨和农户忠诚五个维度构建了农户满意度评价指标体系，以评估农户对农村沼气发展的满意度，为农村沼气发展有关政策调整提供决策参考。

（3）本书采用成本收益法对项目农户与非项目农户、有特色产业支撑的项目农户与一般项目农户进行了对比分析，并提出应建立特色产业支撑机制，将农村沼气建设与当地农业产业结合起来，以充分发挥"三沼"综合利用效益，真正实现农村沼气的可持续发展。

1.7 本章小结

　　本章立足于全球性能源危机和应对气候变化下可持续发展理念兴起的国际背景与新时代推进农村能源革命、农村"厕所革命"，以及赋予农村可再生清洁能源在农村生态文明建设和农业绿色发展新使命的国内大背景，阐述了本书的研究意义，梳理了有关农村沼气可持续发展的国内外研究进展，并提出下一步的研究目标、研究思路、研究方法和研究的主要创新点，为后续的研究做铺垫。

2 相关概念、理论基础 与分析框架

2.1 相关概念界定

2.1.1 沼气

沼气，顾名思义就是指沼泽地里所产生的气体。它是指秸秆、污水以及人畜粪便等各种有机物在密闭的沼气池内，在厌氧条件下，有机物经过微生物的发酵作用而产生的一种可燃烧的混合气体。其主要成分是由 50%~80% 的甲烷（CH_4）、20%~40% 的二氧化碳（CO_2）、0%~5% 的氮气（N_2）、小于 1% 的氢气（H_2）、小于 0.4% 的氧气（O_2）与 0.1%~3% 的硫化氢（H_2S）等气体构成。据测算，每立方米纯甲烷的发热量为 34 000 千焦，而相应的沼气发热量为 20 800~23 600 千焦，即 1 立方米沼气经过完全燃烧后所提供的热量，相当于 0.7 千克无烟煤燃烧后产生的热量，是一种非常好的清洁燃料。

2.1.2 机制

"机制"一词，最早可追溯于希腊文，本意指的是机器的构造与工作原理，也就是机器在运转过程中的各个零部件之间的相互联系及运转方式。在《现代汉语词典》中有关机制的解释是，泛指某一个系统中各个元素之间的相互作用过程及功能。机制原本是一个物理学术语，后来被运用至生物学、医学等自然科学领域，并逐步被引入社会科学领域，从而产生了不同的机制，如用人机制、管理机制、决策机制、利益机制、激励与约束机制、创新机制、竞争机制、市场机制和清洁发展机制（CDM）等（蔡锐，2010）。机制可以分为构造、功能和运行三个方面，具体包括主体构造及其功能，各主体之间的相互关系、作用方式以及运行规律等，其内涵也在不断地发展和丰富中。机制最终目的是要通过一定的运作方式把各个部分有机连接起来，使它们能协调运行并发挥应有作用。在经济学领域，机制一般是指各经济主体的构成及其在经济运行中的相互关系。在农村沼气的发展方面，机制主要是指在农村沼气发展过程中，影响农村沼气可持续发展的各种因素的总称，包括各相关利益主体行为及所形成的相互关系。由此，要剖析农村沼气发展的影响机理，首先必须搞清楚农村沼气发展机制是如何运行的，以及在运作过程中存在哪些问题；其次要搞清楚农村沼气要实现可持续发展，究竟是哪些因素影响了机制的运作和效果的发挥，以及下一步应该如何去优化和构建促进农村沼气可持续发展的机制等。

2.1.3　农村沼气

农村沼气主要包括农村户用沼气、大中型沼气、联户沼气等几种类型。本书所说的农村沼气主要是指 2003 年农村沼气国债项目实施以来，依托中央预算内资金支持建设的农村户用沼气。农村沼

30

气国债项目是农业部、国家发展和改革委员会于 2003 年开始启动的
惠农项目，是一项集经济效益、生态效益、社会效益于一体的农村
基础设施工程建设项目。 它以中央预算内投资形式对项目区建池农
户进行资金补贴，支持农户建设农村户用沼气池并同步进行“一池
三改”（ 改厨、改圈、改厕）计划,引导农户因地制宜开展沼液沼渣
的综合利用。 农村户用沼气池的建设容积一般为 8 ~ 10 立方米，重
点建设“常规水压”“旋流布料”“曲流布料”“强回流”等池型，
并严格执行国家或行业的相关标准，包括《农村家用水压式沼气池
的标准图集》《农村家用水压式沼气池的质量检查验收标准》《农村
家用水压式沼气池的施工操作规程》《农村家用沼气管路的设计规
范》《农村家用沼气管路的施工安装操作规程》《农村家用沼气发酵
工艺规程》《家用沼气灶》《沼气生产工国家职业标准》等。

2.2　理论基础

2.2.1　可持续发展理论

可持续发展是 20 世纪 80 年代提出的一个新理念。 人类社会传
统发展模式将人类带入资源危机、生态环境恶化的困境中。 20 世纪
60 年代以来，人们开始对传统发展模式进行反思。 1987 年，世界
环境与发展委员会在《我们共同的未来》报告中，第一次详细阐述
了可持续发展的概念。 1992 年 6 月，联合国第二次环境与发展大会
在巴西里约热内卢召开，本次会议深刻反思了自工业革命以来的
“高消耗、高污染”“先污染、后治理”的传统发展模式，并通过了

《里约环境与发展宣言》和全球《21 世纪议程》，第一次提出要把可持续发展由理念推向行动，并得到国际社会的广泛认可。可持续发展是指既满足当代人的需求又不损害后代人满足其需求的能力。换句话说，经济、社会、能源资源和环境保护是一个密不可分的系统，它们之间应该协调发展，也就是在发展经济的同时，还要考虑如何保护好人类赖以生存和发展的大气资源、淡水资源、海洋资源、土地资源和森林资源等自然资源和环境，使子孙后代都能够实现安居乐业和永续发展，从而兼顾代内和代际的公平。

可持续发展要求经济社会的发展基于保护环境、节约资源能源的基础上进行，发展不仅要追求经济利益，而且还要保证资源环境的可持续性，兼顾生态效益与社会公平，最终目的就是要实现人类社会的全面协调发展。农村沼气发展通过以沼气为纽带，不仅带动农业资源的循环利用，促进农民增收和农产品质量的提升，而且还可以改善农民的生产生活以及农村的生态环境，进而推进农村生态文明进程。沼气作为一种可再生能源，无论是从能源危机角度还是从农村环境保护角度来看，走一条能源与经济、社会、环境可持续发展的道路，是农业和整个社会经济可持续发展的必然选择。因此，可持续发展理念的提出赋予了农村沼气发展更为丰富的内涵。

2.2.2 公共产品理论

根据公共经济学理论，社会产品可以分为公共产品和私人产品。按照萨缪尔森在《公共支出的纯理论》中的定义，纯粹的公共产品或劳务是指每个人消费这种物品或劳务不会导致别人对该产品或劳务消费的减少。由此，公共产品或劳务应具有三个显著的特征，即消费的非竞争性、受益的非排他性和效用的不可分割性；凡是由个人所占有和享用的，且具有排他性以及可分性的产品就是私人产品；而介于公共产品与私人产品二者之间的产品，则被称为准公共产品（阳斌，2012）。狭义的公共产品是指同时具有非竞争性以及非排他性的产品，而广义的公共产品是指具有非竞争性或者非排他性的产品，具体可以分为纯公共产品、俱乐部产品和公共池塘资源三大类。从广义上讲，政府政策也是一种公共产品，政府供给、私人供给、自愿供给与联合供给及各供给方式的匹配与融合是广义公共物品的基本供给方式（沈满洪、谢慧明，2009）。

农村沼气发展不仅有利于改善农村生产生活环境，具有正外部性，且作为农村建设的一项基础性设施工程，又具有公共物品的属性。所以，农村沼气工程建设具有与一般公共物品相同的公共利益性质，更需要在政策上得到国家的大力支持，从而为农村沼气可持续发展政策优化提供理论支撑。

2.2.3 公共选择理论

公共选择理论正式诞生于詹姆斯·布坎南和沃伦·纳特在弗吉尼亚大学创办的"托马斯·杰斐逊中心"，这个由西方经济学的分支延伸出的新公共经济理论，主要是为了弥补把政治制度排除在经济分析之外的传统经济学分析的理论缺陷（马静，2011）。古典经济学认为，参与经济活动的个体都是追求自身利益最大化的"经济人"，他们的行为是"合乎理性"的，他们以利己原则为行动标尺，追求经济利益最大化，以期用最小的经济代价获得最大的收益（高鸿业，1996）。公共选择是指为了使资源配置进行非市场选择，有必要通过政治过程和集体行动来决定公共物品的产量、供给和需求。 公共选择主要是基于理性经济人的假设，并且追求个人的效用最大化，政府作为理性经济人，在提供公共利益服务时，也会考虑自身利益的最大化（马静，2011）。 因而主张人们应该打破传统上对政府组织的认识，将政府看作是由政府官员组成的特殊群体，理性分析其利益诉求。 因此，政府自身所追求的目标是一个复杂的利益函数，不仅包括政府本应考虑的公共利益，也包括政府工作人员的个人利益，甚至还涉及以地方利益和部门利益为代表的不同小集团利益等。

此外，政府改革作为一个制度变迁过程，其本身就是公共选择的结果。 目前我国正处于社会过渡转型时期，运用公共选择理论分析农村沼气发展的政策演进过程，探讨"公共选择"与市场两种资源配置方式，尤其是对政府行为边界及其特殊公共服务行为效果进行研究具有很强的现实意义。

2.2.4　委托代理理论

委托代理理论主要建立在非对称信息博弈论的基础上，是制度经济学中有关契约理论的重要内容。 它所研究的委托代理关系，主要是指一个或者多个行为主体根据一种明示或隐含的契约，指定、雇佣另外的行为主体为其服务，同时授予后者一定的决策权利，并根据后者所提供的服务数量和质量对其支付相应的报酬（温振伟，2008）。 在经济学上，委托代理关系泛指任何一种涉及非对称信息的交易，交易中拥有信息优势的一方被称为代理人，另一方则被称为委托人。

　　一般来说，委托代理关系的产生必须依赖三个条件，具体包括信息的不对称、契约关系以及利益关系。 对于中央政府和地方政府而言，他们之间的信息是严重不对称的。 中央政府作为全国性的管理性机关，主要负责宏观决策层面；而具体的公共产品、公共服务的供给等有关事项，主要委托给地方政府来进行。 鉴于中央政府和地方政府之间存在权力和利益的分配，由此，中央政府和地方政府之间就形成了一种契约关系。

　　因此，在委托代理关系中，委托人如何设计最优的激励机制，对于代理人的具体执行效果十分关键。 目前我国农村沼气发展主要依靠政府主导，是一个自上而下的过程，每年由中央政府下达预算资金和任务安排，地方政府负责任务分解和具体执行，中央政府与地方政府之间从本质上讲是一种委托代理关系，而即便是地方政府层面，省、市、县、乡镇、村不同层级部门之间也存在委托代理关系。 因此，本书可以用委托代理理论来分析农村沼气发展不同利益主体之间的复杂关系，从而探讨不同利益主体行为对农村沼气可持续发展产生的影响。

2.2.5　计划行为理论

　　计划行为理论（Theory of Planned Behavior，简称 TPB）是由美国学者 Icek Ajzen（1988，1991）提出的。 它是在 Ajzen 和 Fishbein（1975，1980）共同提出的理性行为理论（Theory of Reasoned Action，简称 TRA）的基础上发展而来。 Ajzen 通过研究发现人的行为并非完全出于自愿，而是处在控制之下。 因此，他将 TRA 进行扩充，新增加了一项对自我"行为控制认知"（Perceived Behavior Control）指标，从而发展成为一种新的行为理论研究模式，即计划行为理论。 计划行为理论有五大要素，具体包括态度（Attitude）、主观规范（Subjective Norm）、知觉行为控制（Perceived Behavioral Control）、行为（Behavior）以及行为意向（Behavior Intention）。Ajzen 认为，一切可能影响该行为的因素，都是通过影响该行为意向从而间接影响该行为的表现，而行为意向还受以下几个因素的影响：一是源于个人本身的态度（Attitude），即对于采取某项特定行为所持有的"态度"；二是源于外在的"主观规范"（Subjective Norm），即个人对于是否采取某项特定行为所感受的社会压力；三是源于反映个人过去的经验和预期有阻碍的"知觉行为控制"（Perceived Behavioral Control）。

计划行为理论（TPB）是社会科学领域里研究行为意愿方面被大家共同认可的一种经典理论，认为人的行为是经过深思熟虑的结果，它为研究行为意愿及其影响因素、解释个体行为的决策提供了一个可行的分析框架。 该理论提出后，被广泛应用于社会学、管理学、心理学等领域，如顾客购买行为、创业行为、环保行为、食品安全行为、旅游行为等分析。 一般来说，当个人对于某项具体行为的态度越趋于正向时，则个人的行为意向表现则会越强烈。 而对于某项行为的主观规范表现出越正向时，则个人的行为意向也会表现出越强的特征；当个人的态度与主观规范都趋向于正向，并且知觉行为控制的表现也越强的话，则个人的有关行为意向也会表现出越强的结果。 值得一提的是，行为不仅会受行为意向的影响，而且还将受具体执行该行为个人的能力、主观规范以及资源条件等因素的制约。

依照此理论，农户决策行为不仅受建池成本、预期收益等经济因素影响，其心理行为特征、所处的外部环境，如国家有关政策安排等非经济因素也在很大程度上影响其最终选择，农民是否参与农村沼气池建设和建池后的使用意愿及态度，这直接决定了农村沼气是否能实现可持续发展。

2.3   分析框架

农村沼气发展主要涉及两个主体，即供给主体政府与消费主体农户，因而政府行为与农户行为直接影响农村沼气的可持续发展。农村沼气是否能实现可持续发展，必须从几个方面进行衡量：首先，从政府角度出发，作为公共产品的提供者和管理者，农村沼气发展的有关政策是否可持续、项目管理是否可持续；其次，农村沼气建设作为一项农村基础设施投资项目，从投资的成本收益角度看，其发展是否具有可持续性；最后，从农户层面看，作为农村沼气发展的直接受益者，农户参与农村沼气建设和使用意愿怎么样，农户对现行农村沼气发展有何看法，农户满意度如何（见图2-1）。为了回答这些问题，本书以"四川农村沼气的可持续发展"为主线，首先对农村沼气发展的影响机理进行分析，从理论上对农村沼气发展现行政策进行剖析，然后结合四川农村沼气发展情况进行实证研究，分析农村沼气发展的效益和农户参与农村沼气发展意愿，评估农村沼气发展的农户满意度，探讨影响农村沼气可持续发展的因素，最后提出农村沼气可持续发展的对策建议。

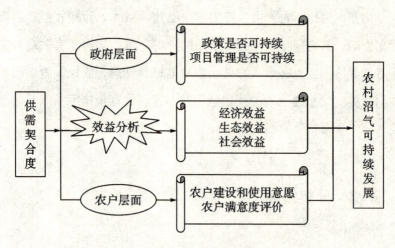

图 2-1　农村沼气可持续发展分析框架

2.4　本章小结

本章首先界定了沼气、机制和农村沼气概念，提出本书所指的农村沼气主要是 2003 年农村沼气国债项目实施以来，依托中央预算内资金支持建设的农村户用沼气的可持续发展。 其次，本章运用可持续发展理论、公共产品理论、公共选择理论、多层委托代理理论、计划行为理论等剖析了农村沼气可持续发展的影响机理，并在此基础上提出了分析框架。

3 农村沼气发展的政策解析

3.1 农村沼气发展的政策目标

3.1.1 缓解国家能源压力

目前，我国正处于工业化、城镇化和农业现代化快速发展的特殊时期，能源需求呈现出刚性增长态势，详见2003—2012年的全国能源消费统计情况（见图3-1）。虽然我国能源资源的总量相对比较丰富，但考虑人口多、底子薄的基本国情，人均能源资源的拥有量在世界上依然处于相对比较低的水平。据统计，我国人均占有煤炭、石油以及天然气分别仅为世界平均水平的67%、7%和7%左右。2012年，我国单位GDP能耗为0.765吨标准煤/万元，是世界平均水平的2倍左右、美国平均水平的2.4倍、日本平均水平的4.4倍。高能耗导致我国能源供应十分紧张，能源对外依存度不断提高。2012年，我国的石油对外依存度已高达58%左右，业内专家预测，这一比例在2035年甚至可能攀升至80%，远远超过国际公认50%的警戒线水平。需求的无限性与资源的有限性，必将成为制约我国未来经济可持续发展的瓶颈。

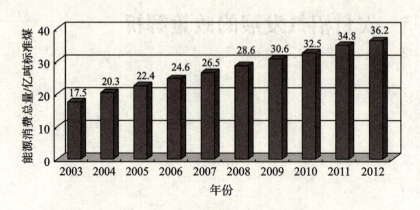

图 3-1 2003—2012 年全国能源消费统计情况

　　为了缓解国家的能源压力，农村能源建设的地位和作用日益凸显。农村沼气作为一种清洁能源，不仅可以替代秸秆、薪柴等传统意义上的生物质能源，还可以替代煤炭、液化气、天然气等商品化能源，而且从能源效率上看，也明显高于秸秆、薪柴和煤炭等其他资源的消耗（白艳伟，2009）。据测算，一个 8 立方米的户用沼气池，年均可以产沼气 385 立方米，可替代薪柴和秸秆 1.5 吨左右，相当于替代 605 千克标准煤，可解决 3~5 口之家一年 80%的生活燃料用能。因此，积极发展农村沼气、引导农户改变农村能源的消费结构在一定程度上将有利于缓解国家的能源压力。

3.1.2　改善农村生态环境

　　党的十八大报告提出"五位一体"的战略布局，指出大力推进生态文明建设。而农村生态文明建设所面临的最突出的矛盾和问题，是农业的环境污染加重和农村的生态恶化。所谓"柴草乱堆、蚊蝇乱飞、垃圾乱倒、污水横流"，这就是我国许多农村地区环境的真实写照。 据统计，我国每年产生的农作物秸秆大约 6.5 亿吨、畜禽粪便排放量约 20 亿吨，农业废弃物是工业废弃物产生量的 3.2 倍。 目前，我国至少还有六成的农业废弃物没有被很好地利用，秸秆被任意堆放或者焚烧，畜禽粪便未经处理就直接露天堆放，或者直接随意排放至附近的沟渠、河流之中，对农村环境造成了严重的污染。 通过农村沼气建设，配套进行改厕、改厨、改圈，这样可以有效地解决种养业带来的环境污染问题，还能有效阻断疫病传染源、促进农民身体健康、改善农村生态环境。

3.1.3 提升农产品的质量

常言道，"民以食为天，食以安为先"，农产品质量安全问题是影响我国民生的重大公共安全问题之一。 随着"毒大米""瘦肉精"以及重金属污染、农药兽药残留等事件的发生，社会公众对农产品质量安全问题倍加关注。 在 2013 年年底的中央农村工作会议上，再次强调要保障广大人民群众"舌尖上的安全"。 长期以来，化肥、农药的过量施用导致农产品品质下降，严重影响了我国农产品的市场竞争力。 而农村沼气发酵后产生的沼液和沼渣，富含氮、磷、钾以及有机质等多种物质，是一种优质高效的有机肥料。 沼液不仅可以用作牲畜饲料的添加剂和农作物的全面营养液，还可以用来防治农作物的病虫害。 通过对沼液沼渣的综合利用，不仅能有效培肥土壤和维持土地的生产能力，从而提高农业生态系统的稳定性能，还可以通过改善微生态的环境，促进土壤结构的改良。 修建一个 8 立方米的农村沼气池，每年可以产生沼液沼渣 10~15 吨，满足大约 2~3 亩（1 亩 = 0.000 666 7 平方千米）无公害瓜菜种植的用肥需要，减少 20% 以上的化肥和农药的施用量。 因此，发展农村沼气并且引导农民综合利用沼液沼渣进行生态养殖和种植，十分有利于提升农产品的质量。

3.1.4 带动循环农业的发展

发展农村沼气是促进生态循环农业发展的重要举措。 农村沼气发展可以使农村的资源得到循环高效利用，能把农村的秸秆、粪便、垃圾等农业废弃物转化成燃料、饲料、肥料（"三废"变成"三料"），并将沼气建设与当地农业产业相结合，如"猪-沼-果""猪-沼-茶""猪-沼-菜"等农业循环经济模式，转变农业发展方式，促进绿色和有机农产品生产发展，从而带动循环农业的发展和农民增收致富。

经过多年的探索和实践，我国农村以沼气为纽带，结合各地自然条件、资源禀赋等形成了以沼气、沼液、沼渣的多层次综合利用的能源生态模式，如北方地区的"四位一体"模式、南方地区的"猪-沼-果（菜、鱼、茶等）"模式、西北地区的"五配套"生态农业模式等（王兰英，2008）。

3.2 农村沼气发展的政策演进

自农业部、国家发展和改革委员会于 2003 年在全国启动了农村沼气国债项目以来，《中华人民共和国可再生能源法》《中华人民共和国节约能源法》《中华人民共和国清洁生产促进法》《畜禽规模养殖污染防治条例》和《农村沼气建设国债项目管理办法》等法规都明确提到了要加强农村沼气建设，并将农村沼气建设列入《中国21世纪议程》《可再生能源中长期发展规划》《生物质能发展"十二五"规划》等。 在"十一五""十二五"期间，也相继制定了全国农村沼气发展规划。 这一系列的政策、法规的出台，为推动农村沼气发展提供了有力保障（见表3-1）。

表3-1 2003—2014年农村沼气发展的有关政策法规文件汇总

时 间	名 称	机 构	主要内容
2003	《农村沼气建设国债项目管理办法（试行）》	农业部	该法从建设内容与补助标准、申报与下达、组织实施、检查验收等方面对农村沼气建设做出了具体要求。
2006	《中华人民共和国可再生能源法》	全国人民代表大会常务委员会	该法制定的目的是为了促进可再生能源的开发利用,增加能源供应,改善能源结构,保障能源安全,保护环境,实现经济社会的可持续发展。第十八条规定:"国家鼓励和支持农村地区的可再生能源开发利用,因地制宜推广应用沼气等生物质资源转化。"
2007	《中华人民共和国节约能源法》（修订版）	全国人民代表大会常务委员会	该法主要包括节能管理、合理使用与节约能源、节能技术进步、激励措施、法律责任等。该法的制定是为了推动全社会节约能源,提高能源利用效率,保护和改善环境,促进经济社会全面协调可持续发展。其中,第四条规定:"国家鼓励开发、利用新能源和可再生能源。"
2007	《可再生能源中长期发展规划》	国家发展和改革委员会	该规划提出了从2007年8月到2020年我国可再生能源发展的指导思想和原则、发展趋势、发展目标、主要任务和保障措施,为我国包括生物质能源在内的可再生能源的发展和项目建设提供了指导。

表3-1(续)

时间	名称	机构	主要内容
2007	《农业生物质能产业发展规划(2007—2015年)》	农业部	该规划简述了我国发展农业生物质能产业的必要性以及农业生物质能的资源潜力及发展现状、发展思路、基本原则和战略目标及保障措施等,为我国农业生物质能的发展提供了指导性意见。
2007	《全国农村沼气工程建设规划(2006—2010年)》	农业部	该规划提出到2010年农村户用沼气发展规模达到4 000万户和2020年在农村适宜地区基本普及农村沼气的目标。
2007	《全国农村沼气服务体系建设方案(试行)》	农业部	为加快推进全国农村沼气服务体系建设,巩固农村沼气建设成果,该方案提出到2010年,全国农村沼气乡村服务网点达到10万个,沼气服务覆盖率达到90%以上,沼气池使用寿命达到15年以上,沼渣沼液综合利用率达到80%以上。
2012	《生物质能发展"十二五"规划》	国家能源局	该规划分析了目前国内外生物质能的发展动态与发展现状,阐述了我国"十二五"时期生物质发展的发展方针、目标和重点建设任务,并提出"十二五"期末,农村沼气用户5 000万户,年产沼气190亿立方米。
2012	《中华人民共和国清洁生产促进法》(修订版)	全国人民代表大会常务委员会	该法主要包括清洁生产的推行、清洁生产的实施、鼓励措施、法律责任等内容。目的是为了提高资源利用效率,减少和避免污染物的产生,保护和改善环境,促进经济与社会可持续发展。
2014	《畜禽规模养殖污染防治条例》	国务院第26次常务会议	该条例包括总则、预防、综合利用与治理、激励措施、法律责任、附则6章44条内容,自2014年1月1日起施行。主要目的是为了防治畜禽养殖污染,推进畜禽养殖废弃物的综合利用和无害化处理,保护和改善环境,保障公众身体健康,促进畜牧业持续健康发展。

表3-1(续)

时 间	名 称	机 构	主要内容
2004— 2019	中央一号文件	中共中央 国务院	连续十六年发布的中央一号文件都有对农村沼气发展的重要论述。其中，2014年《关于全面深化农村改革加快推进农业现代化的若干意见》提出："因地制宜发展户用沼气和规模化沼气。"

　　现阶段，我国农村沼气发展主要依托农村沼气有关项目的实施予以推进。 如今，农村沼气国债项目出台已历经十余年的变迁，随着农村经济结构和社会结构的发展变化，农村沼气发展的相关政策也在不断调整，尤其是在补助范围和补助标准上有了很大改进，其政策演进过程主要体现在几个方面。

3.2.1　补助金额

　　2003—2013 年，农村沼气发展仅中央预算内投资就达 300 多亿元。 补助金额最高的是在 2010 年，为 52 亿元。 从中央预算内投资变化趋势可以看出，总体来看投资呈上升趋势，尤其是"十一五"期间中央预算内资金投入增幅较大，但从 2011 年开始中央预算内投资开始有所下降，2013 年农村沼气项目中央预算内投资为 30 亿元（见图 3-2）。 中央预算内投资金额的下降表明大规模沼气池建设时期已经基本结束，农村沼气发展进入攻坚阶段。

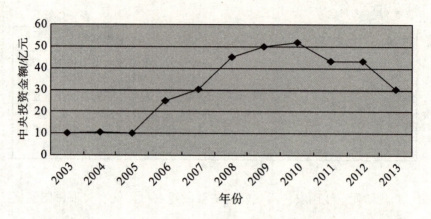

图 3-2　2003—2013 年农村沼气中央预算内投资变化趋势

3.2.2　补助标准

从 2003 年开始一直到 2008 年，农村沼气发展的中央补助标准保持在以下水平：西北地区和东北地区 1 200 元/户、西南地区 1 000元/户、其他地区 800 元/户。 2009 年和 2010 年，中央对农村户用沼气的补贴标准做了调整，主要向中西部倾斜，具体为：东部地区1 000 元/户、中部地区 1 200 元/户、东北地区和西部地区 1 500 元/户。 随着建池材料成本及人工成本的不断上涨，2011 年中央进一步提高了相关补助标准，平均增幅达 32.5%，其中，东部地区、中部地区和西部地区中央补助标准每户分别为 1 300 元、1 600 元和 2 000元，四川、云南、甘肃、青海 4 个省份的藏区和新疆南疆三地州中央补助标准提高至 3 000 元，西藏自治区中央补助标准也提高至3 500 元。 2012 年和 2013 年补助标准继续参照 2011 年执行。

从 2009 年开始，国家进一步鼓励发展大中型沼气工程，并根据发酵装置容积大小和上限控制相结合的原则确定中央补助数额，大中型沼气工程中央补助数额原则上按发酵装置容积大小等综合确定，具体如下：西部地区国家补助项目总投资的 45%，总量不超过 200 万元；中部地区国家补助项目总投资的 35%，总量不超过 150 万元；东部地区国家补助项目总投资的 25%，总量不超过 100 万元（邱坤，2011）。 在农村沼气乡村服务网点建设补助方面，西部地区、中部地区和东部地区每个网点补助分别为 1.9 万元、1.5 万元和 0.8 万元。 从 2009 年起，中央补助服务网点投资标准分别提高到每个 4.5 万元、3.5 万元和 2.5 万元。

3.2.3　补助范围

在补助对象上，2003—2006 年，农村沼气发展中央补助资金全部用于农村户用沼气建设。 随着农村沼气发展过程中面临的后续管护问题的凸显和农村大环境的变化，于 2007 年新增了农村沼气乡村级服务网点试点建设、养殖小区（大户）小型沼气工程和联户沼气试点建设，并从 2008 年开始扩大至大中型沼气工程建设补助。2012 年开展农村户用沼气病池旧池修复建设（中央补助标准不超过 300 元，主要用于因灾受损或 2005 年以前建成的池体损坏沼气池的池体修复）。 2013 年农村沼气中央预算内投资继续支持户用沼气、小型沼气（养殖小区和联户沼气）、大中型沼气、乡村服务网点等项目建设。 农村户用沼气"一气独大"的局面逐步改变，补助范围进一步扩大，从而形成了户用沼气、小型沼气、大中型沼气多元化共同发展的新格局。

在覆盖地域范围上，2003 年启动之初仅涉及 23 个省（自治区、直辖市）及新疆生产建设兵团，2004 年兼顾了东部欠发达地区的革命老区，2005 年增加了黑龙江农垦总局，2006 年新增天津、西藏两市（区）和大连、青岛、宁波 3 个计划单列市，到 2007 年已实现了我国相关省份的全覆盖。

3.3 农村沼气发展的运行机制

3.3.1 投资机制

投资机制是指对投资活动产生影响的相关因素及其相互之间的作用体系，具体来讲，涉及投资结构、投资效率和投资动力三个方面。目前，农村沼气建设的资金来源渠道主要包括中央预算内投资资金、地方财政配套资金和农户自筹资金三种。虽然近年来国家加大了对农村沼气建设的投资力度，但随着建池成本的上涨，即便按照现行政策每口补贴 2 000 元计算，农户新修一口 8 立方米户用沼气池，仍须自筹资金约 1 500 元至 2 000 元（见表 3-2）。再加上地方财力有限以及个别部门领导对沼气发展重要性认识不够，以致地方资金配套难以有效落实，农户自筹压力比较大。

表 3-2　8 立方米户用沼气池平均建设成本

项目		实物量	单价(元)	成本(元)
材料费	水泥(吨)	0.6	550	330
	河沙(立方米)	2.5	128	320
	卵石(立方米)	2.8	120	336
	标砖(匹)	270	0.5	135
	钢筋(吨)	0.005	5 800	29
	玻璃钢(套)	1	1 200	1 200
	小计			2 350
人工费	技工(工日)	4	100	400
	杂工(工日)	5	80	400
	小计			800
沼气灶具及配套产品				350
合计				3 500

2003 年 12 月，农业部颁布《农村沼气建设国债项目管理办法（试行）》，明确规定中央预算内投资资金主要用于购置沼气灶具及配件等关键设备，建池需要的水泥、砂石等主要材料，以及技术人员工资支付等。中央补助在扣除相关项目后，剩余资金通过"一卡通"全部直接兑现给农户。值得注意的是，在农村沼气建设国债项目政策实施以后，部分农民有了依赖思想，导致农户自主投资动力不足。由于农村沼气建设资金补助除了中央预算内投资国债建设项目，还有省级财政项目、扶贫项目、退耕还林项目、国外援助项目以及各市县地方项目等，不同项目来源的补贴标准不一，容易导致农户心理上的不平衡，也增加了项目实施的难度。

此外，目前政府投资主要是建池环节的一次性补贴，而在针对沼液沼渣的综合利用方面缺乏相关政策支持，导致沼液沼渣资源的综合利用率较低。 因此，要实现农村沼气可持续发展，必须调整投资结构和补贴方式，从而提高政府投资效率，满足农户的实际需求。

3.3.2　管理机制

目前，我国农村沼气建设的管理方式是自上而下去下达任务，然后逐级分解，再自下而上完成的过程。 国家发展和改革委员会每年将投资计划下达农业部以后，由农业部具体负责年度投资计划的编制并安排投资方案，然后上报国家发展和改革委员会进行审定，再由农业部行文并会同国家发展和改革委员会将建设任务联合下达各地。 地方政府将拟建项目逐级上报，由省一级的农村能源办公室将汇总情况上报给农业部和国家发展和改革委员会，待项目建设完成后再组织验收，具体的农村沼气管理流程如图3-3所示。

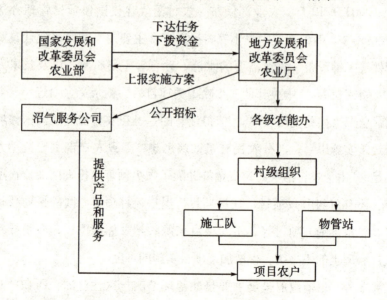

图3-3　农村沼气管理流程

这种操作模式时间间隔很长，而且具有很强的计划经济色彩，很难适应不断变化的市场经济的需要，因为项目批准时的情况与申报时的情况可能已经发生了变化。 再加上现行的《农村沼气建设国债项目管理办法（试行）》中的某项规定已不适应新形势发展的要求，导致管理缺乏灵活性。 按照项目管理要求，在项目下达后，各项目县需要编制实施方案，经有关部门核准后才能动工建设。 一般而言，农村沼气建设国债项目要 10 月初才下达，由于项目资金下达较迟以及国债项目所需配套物资皆需统一招标采购，物资不能及时到位，将直接影响项目的实施和进度，甚至间接形成安全隐患。 由于没有管件和气压表，完工的沼气池无法进行试水水压检验，无法确定建池质量好坏。 采购物资的缺乏，对沼气池的施工带来了很大难度，也增加了广大群众的负面情绪。 同时，由于中央预算内投资建设的农村沼气项目有关的灶具和配套产品统一实行集中采购，在沼气灶具和配套产品的招标实施过程中，主要采取价格最低中标原则，从而导致许多企业不敢投入更多资金进行新技术和新产品研发，影响了相关产品的升级换代和技术进步，这也在一定程度上影响了农户的满意度。

3.4　本章小结

本章从农村沼气发展的政策目标、政策演进和运行机制等方面对农村沼气发展的有关政策进行解析。 分析表明，现阶段农村沼气发展主要依托与农村沼气有关项目实施予以推进，带有明显的政府

51

主导特征。 农村沼气的发展主要基于缓解国家能源压力、改善农村生态环境、提升农产品质量、带动农业循环经济发展等政策目标。在政策演进过程中，从补助标准到补助范围都呈现出由低到高、由窄变宽的政策特征，说明农村沼气发展在政策上具有连续性。 在资金投入方面，目前农村沼气建设资金主要是由中央政府、地方政府以及农户三方共同承担，但农户自筹压力大。 在管理方面，缺乏对相关利益主体的激励和约束机制，从而影响了农村沼气可持续发展。

4 四川农村沼气发展的
现状及问题

4.1 研究区域概况

4.1.1 区域基本情况

四川位于我国西南腹地，地处长江上游，介于北纬26°03′~34°19′和东经97°21′~108°33′之间，东西长约1 075千米，南北宽921千米，总面积约48.5万平方千米，下辖18个地级市和3个民族自治州。四川与7个省（市、区）接壤，东邻重庆，南接云南、贵州，西衔西藏，北连青海、甘肃、陕西。下辖18个省辖市，3个自治州，17个县级市。截至2018年年底，全省常住人口为8 341万人。其中，城镇人口为4 361.5万人，农村人口为3 979.5万人，常住人口城镇化率为52.29%。

四川地形、地貌复杂，以山地为主要特色，具有山地、丘陵、平原和高原4种地貌类型，分别占全省总面积的74.2%、10.3%、8.2%和7.3%。四川气候区域差异显著，东部冬暖、春旱、夏热、秋雨、多云雾、少日照、生长季长，西部则寒冷、冬长、基本无夏、日照充足、降水集中、干雨季分明；全省气候垂直变化大，气候类型多，全省年平均气温为14℃~19℃，年平均降水量分布在1 000~1 400毫米，全年日照时数约1 000~1 600小时。

53

　　四川能源资源比较丰富，主要以水能、煤炭和天然气为主，它们在四川一次性能源生产总量中占比 99.96%。其中，水能资源最为丰富，理论蕴藏量达 1.43 亿千瓦，占全国的 21.2%；煤炭资源保有储量 97.33 亿吨，探明储量约占全国总储量的 0.9%；天然气资源远景资源量为 7.19 万亿立方米，累计探明地质储量为 7 590.56 亿立方米。值得一提的是，四川生物能源比较丰富，每年可开发利用的畜禽粪便量约 1.8 亿吨、秸秆约 5 000 万吨、沼气约 20 亿立方米。

　　2018 年，四川国民生产总值达 40 678.1 亿元，按可比价格计算，比 2017 年增长 8.0%。其中，第一产业增加值为 4 426.7 亿元，增长 3.6%；第二产业增加值为 15 322.7 亿元，增长约 7.5%；第三产业增加值为 20 928.7 亿元，增长 9.4%。三次产业对经济增长的贡献率分别为 5.1%、41.4% 和 53.5%。三次产业结构比重由 2017 年的 11.6∶38.7∶49.7 调整为 10.9∶37.7∶51.4。全省人均地区生产总值为 48 883 元，增长 7.4%。城镇居民人均可支配收入为 33 216 元，农村居民人均可支配收入为 13 331 元，分别增长 8.1% 和 9.0%。城镇居民人均消费性支出为 23 484 元，增长 6.8%；农村居民人均生活消费支出为 12 723 元，增长 11.6%。[①]

4.1.2　适宜区域分布

　　四川属亚热带地区，全年平均气温在 16℃ 以上；其中盆地为 14.1℃~18.2℃，川西南山地为 10.1℃~20.3℃，川西高山高原为 −1.5℃~15.4℃；气候温和而且雨量充沛，无霜期长，十分有利于沼气发酵，一般在自然环境条件下就可实现全年正常产气。因而四川全省各市州皆有适宜区域分布（见表 4-1）。

---

① 资料来源:2018 年四川省国民经济和社会发展统计公报。

表 4-1　四川农村沼气适宜区域分布

适宜区域	基本情况
成都平原地区	该区域包括 27 个县(市、区),农业人口为 997.8 万人,农户总数为 318.9 万户,农村生活用能结构以煤、电、气为主。该区域城镇化进程较快,农村沼气建设以岷江流域为重点。
丘陵地区	该区域包括 68 个县(市、区),农业人口为 4 300.3 万人,农户总数为 1 249.5 万户,区域内农村能源建设起步早,有较好的发展基础。该区域农户有饲养生猪的传统,沼气资源十分丰富,农村沼气建设以岷江、沱江、涪江、嘉陵江及其支流为重点。
盆周山区	该区域包括 31 个县(市、区),农业人口为 953.1 万人,农户总数为 263.8 万户,区域内农村养殖业发展较好,沼气资源丰富,农村沼气建设以低山区为重点,逐步向中山区发展。
川西南山区	该区域包括 24 个县(市、区),农业人口为 444.5 万人,农户总数为 117.2 万户。区域内沼气资源和太阳能资源丰富,农村沼气建设以金沙江、雅砻江、大渡河的河谷地区为重点,逐步向低山区、中山区发展。
高原山区	该区域包括甘孜藏族自治州、阿坝藏族羌族自治州的 31 个县(市、区),农业人口为 142.9 万人,农户总数为 29.8 万户。该区域河谷地区和低山区是沼气发展适宜区,农村沼气建设近期以大渡河、岷江上游的河谷地区为重点,逐步向低山区发展。

资料来源:四川省农村能源办公室。

4.2　四川农村沼气的发展现状

4.2.1　四川农村沼气发展的基础和条件

4.2.1.1　基础优势

四川是全国发展利用沼气较早而且规模较大的省份之一。 20 世纪 30 年代初期,沼气就被引入四川并掀起了一股"沼气热"。 20

世纪 50 年代后期，四川再次掀起沼气建设的热潮，但由于技术问题，建造简单粗糙，很快就废弃不用了。直到 20 世纪 70 年代初期开始，随着农村沼气技术的逐渐成熟，再加上各级政府的高度重视以及广大群众的积极参与，农村沼气建设获得了较快发展。进入 21 世纪，随着以可持续发展为主题的科学发展观的确立，以及全球石油、天然气、煤炭等商品能源供应的日趋紧张，尤其是沼气研发技术的日趋成熟和国家财政的大力扶持，四川农村沼气建设进入黄金时期。此外，农村沼气建设具有适应面广、综合效益显著、农民受益最为直接等特征，因而四川农村沼气发展具有较好的基础。

4.2.1.2　资源优势

四川是传统农业大省，农作物秸秆资源丰富，也是养猪大省，农区畜牧业比较发达，素来有"川猪安天下"的说法。据统计，全省每年生猪出栏约 8 000 万头，人畜粪便资源约 2.3 亿吨，可利用量约 1.8 亿吨。全省常年农作物播种面积约 1.48 亿亩（1 亩 = 0.000 666 7 平方千米），粮食总产量约占全国的 7%，油料产量占全国的 6%以上。到 2015 年，全省农作物秸秆理论资源量在 4 641.09 万吨左右，约占全国的 4.46%。农作物秸秆可收集量约 3 629.46 万吨，约占全国的 4.03%，秸秆资源丰富且产生量趋于稳定。丰富的资源优势为农村沼气发展提供了充足的原材料保障。

4.2.1.3　政策优势

四川省委、省政府历来比较重视农村沼气发展，并于 1973 年就成立了四川省推广沼气领导小组及办公室，专门负责四川沼气事业的发展和管理。　四川省委、省政府每年将任务下达全省 21 个地市州，纳入政府目标管理，实行全程跟踪考核，同时将农村沼气建设列入全省农田水利建设"李冰杯"农业项目竞赛评比活动内容，形成了主要领导亲自抓、分管领导具体抓、相关部门配合抓的良好工作格局（周了，2010）。　在相关政策法规方面，2002 年 9 月 27 日颁布了《四川省农村能源建设管理办法》，对农村能源的开发与利用、建设管理、生产与经营、保障措施、奖惩办法等方面作了相关规定。　其中，特别对农村沼气有关项目的建设和管理制定了具体的实施办法。　2003 年以来，为了配合农村沼气建设国债项目的实施，根据农业部有关《农村沼气建设国债项目管理办法（试行）》的要求，四川结合全省农村沼气建设国债项目实施的实际情况，先后编制了《农村沼气建设国债项目管理办法（试行）》《四川省农村沼气建设国债项目验收办法（试行）》以及《四川省农村沼气建设国债项目技术要求》等规定，以确保全省的农村沼气工程建设规范有序进行。2005—2014 年，四川省委、省政府连续十年将农村沼气建设列入"民生工程"和"为民办实事"的重要内容。

4.2.1.4　科技优势

我国沼气领域唯一的国家级科研机构——农业部沼气科学研究所就位于四川省成都市，可见四川科技优势明显。　农业部沼气科学研究所于 1979 年经国务院批准成立，直属中国农业科学院。　1981年中国政府与联合国开发计划署签订协议，在研究所成立了"中国成都亚太区域沼气研究与培训中心"，简称 BRTC（Asian－Pacific Biogas Research & Training Center）。　目前，该研究所已发展成为涉及科学研究、沼气技术开发、沼气工程设计和培训等领域的国家级科研机构。该所设有生物质能研究中心、微生物研究中心、沼气工程研究中心、培训与信息研究中心、农村能源研究中心、农业部沼气配套产品及设备的质量监督检验测试中心及四川省沼气工程技术研究中心等研究处室。长期从事沼气、生物质能开发与利用等研究，在农村户用沼气技术、大中型沼气工程和秸秆沼气技术领域做了大量研究工作，形成了比较成熟的农村户用沼气池新池型和新工艺、高浓度有机废水处理及其达标排放技术、畜禽养殖场粪污处理技术以及农作物秸秆沼气供气站发电技术，为四川乃至全国的沼气事业的发展做出了巨大贡献。

4.2.2 四川农村沼气发展的主要举措

4.2.2.1 建立县、乡、村三级农村能源管理服务体系

通过成立以区县主要领导为组长的农村沼气建设领导小组，分别在各区县成立"农村能源办公室"或者"农村能源局"，在乡镇一级设立"农村能源管理服务站"，并配备沼气建设专职干部或中心技术员，具体负责沼气项目的规划，统筹整合有关项目的建设资金，实施目标考核。同时，在村一级设立专职的沼气物业管理人员，从而形成县、乡、村三级健全的农村能源管理服务体系，为农村沼气的发展提供强有力的组织保证。

4.2.2.2 重视农村沼气有关政策的宣传

四川按照《农村沼气建设国债项目管理办法（试行）》有关要

求，制定了《四川省农村沼气建设国债项目技术要求》和《四川省农村沼气建设国债项目验收办法（试行）》，并且编制了《四川省农村沼气建设国债项目管理信息手册》。在完善相关法律法规的基础上积极地进行宣传。一方面，根据不同的对象有针对地进行宣传。首先，要做好各级领导干部的宣传工作，只有相关领导认识到农村沼气发展的重要性，才能积极开展有关工作。其次，加强对农民群众的宣传动员。另一方面，积极搭建多种宣传平台。利用四川日报、四川广播电视台、四川电视台、四川农村日报等有影响力的宣传媒体和村务公开及时公示本年度辖区内的农村沼气建设情况，让广大百姓及时了解相关信息。通过阳光政务、快报、动态、四川农村能源网等形式，全方位、多角度宣传农村沼气的发展，积极营造良好的社会舆论氛围。

4.2.2.3 加强对农村沼气的项目监管

各级农业部门主要负责农村沼气有关项目的组织和管理；各级农村能源部门具体负责项目的实施和建设管理；项目乡（镇）政府、项目村的村民委员会负责所辖项目乡（镇）、村的项目实施。在项目的建设和管理过程中，一是实行行政领导负责制。各市（州）农业局（委）直接对所辖项目县的工作具体负责；项目县政府的主要领导为项目总负责人，县一级农业部门的领导为第一责任人，对项目的具体实施和管理进行负责；项目乡（镇）政府主要领导对该乡（镇）的项目建设负责。二是实行沼气项目的法人责任制。具体而言，各项目县农村能源部门的负责人为项目法人，对该县沼气项目的建设实施、建设质量、资金管理以及建成后的运行管护等全过程负责。 如果项目管理制度不健全、财务管理混乱、建设质量存在严重问题，直接追究项目法人的责任。

此外，根据农村沼气国债项目管理办法的要求，结合四川实际，制定了四川省《农村沼气建设国债项目管理办法（试行）》，从项目计划与进度管理、资金管理、技术与质量管理、物资管理、公示与档案管理、后期物业化管理等方面做出明确规定，在建设中实行建设任务逐村逐户调查落实制和目标责任制、项目农户名单和资金使用公示制、建设进度逐级审核上报制和定期通报制、建设资金按使用计划和建设进度划拨制、建设物资集中采购制、建设质量定期抽查制、项目农户一户一卡登记制、后期管理物业化制等管理制度。

4.2.2.4 以沼气为纽带,发展农业循环经济

为了充分发挥农村沼气的纽带作用，四川通过各县（区）抓示范片、乡（镇）抓示范村、村级抓示范户的三级联动示范建设，紧紧围绕"三品"（绿色食品、有机食品和无公害食品）大搞"三沼"（沼气、沼液、沼渣）综合利用，在实践中探索出了川西北的"猪-沼-果（菜、茶、粮）"生态农业模式、川东北的"四位一体"模式、川南的"生态养殖业-农村沼气-有机肥料-高效种植业"能源生态模式、川中的"乡村清洁工程"和成都平原区的"农房集中规划建设、牲畜集中养殖、沼气集中供应和生活污水集中处理（即'四集中'农民社区）"等经典的循环农业模式（江平、刘筠，2013），促进了现代农业产业发展和农民增收。

4.2.2.5 积极探索农村沼气后续服务管理模式

四川按照"政府引导设施投入、农户购买管护服务"的原则，在全省各地积极探索多种农村沼气后续服务管理模式，着力解决农村沼气后续管理滞后的"瓶颈"问题。通过多年的实践，总结并探索出以下几种管理模式：一是协会模式，如四川苍溪；二是物业化管理模式，具体又分为菜单式和全托管模式，如四川双流；三是企业领办模式，如四川资阳；四是能人领办模式；五是沼气投保的新型管理模式，如四川德阳，通过与保险公司签订的投保协议，建池的农户每年只需要缴纳沼气池的投保费 10 元，投保的建池农户如发生非人为的事故时，即可由保险公司理赔，这在一定程度上保障了农民群众的利益。此外，在条件好的地方，选择具有典型性的服务网点推行企站联办、多种经营试点，并推行沼气物管员岗位补贴和沼气生产工意外伤害保险试点，为物管员配备保险绳、安全帽、鼓风机、电机、抽渣泵、工具箱等，强化后期管护。

4.2.2.6 以沼气化市县的创建带动不同区域的发展

从 2011 年开始，四川按照"发展数量规模化、建设质量标准化、建设内容多样化、沼气利用高效化、管护服务社会化"五大指标对全省各市县沼气建设进行考核。继成都、攀枝花和遂宁 3 个市及阿坝藏族羌族自治州九寨沟等 21 个县（市、区）被四川省政府认定为首批沼气化市县后，经省政府考核认定，广元市和绵阳市为第二批"四川省沼气化市"，泸州江阳等 15 个县（市、区）为第二批"四川省沼气化县"。2013 年 12 月，经省政府批准，西充等 8 个县

（市）被认定为第三批"四川省沼气化县（市）"。目前，四川沼气化市累计达到 5 个，沼气化县累计达到 44 个，其中遂宁市所辖县（市、区）全部被省政府考核认定为沼气化县（见表4-2）。为了争取上级政府有关政策支持，各市州农村能源系统积极按照创建指标要求，以沼气化市县创建为平台，精心组织，认真落实，从而形成"你追我赶"的局面，促进了不同地区的农村沼气发展。

表4-2　四川沼气化市县一览表

所属地市	涉及区县
成都市	双流区
绵阳市	涪城区、梓潼县、游仙区、安州区、三台县、江油市
广元市	利州区、元坝区、朝天区、苍溪县、旺苍县
遂宁市	安居区、船山区、射洪县、大英县、蓬溪县
攀枝花市	米易县、盐边县
德阳市	什邡市、广汉市、旌阳区、绵竹市
阿坝州	九寨沟县
眉山市	丹棱县
凉山州	德昌县、宁南县
资阳市	简阳市、乐至县
宜宾市	翠屏区、江安县、长宁县、兴文县
乐山市	犍为县、夹江县、井研县
泸州市	江阳区、龙马潭区
广安市	广安区
雅安市	天全县、石棉县
南充市	西充县、仪陇县
达州市	宣汉县

资料来源：四川省农村能源办公室提供资料整理所得。

4.2.3　四川农村沼气发展总体情况

四川从 2003 年开始承担农村沼气国债项目建设任务。 由于四川属于西部地区，根据中央有关补贴标准，2003—2008 年中央补助标准为 1 000 元/户。 由此，2003 年在全省 36 个县、439 个村安排农村沼气国债项目建设任务为 65 402 户，获得国家补助资金为 6 540.2 万元；2004 年在 44 个县、536 个村安排建设任务为 73 020 户，获得国家补助资金为 7 302 万元；2005 年在 50 个县、552 个村安排建设任务为 72 200 户，获得国家补助资金为 7 220 万元；2006 年在 105 个县安排建设任务为 181 874 户，获得国家补助资金为 18 187.4 万元；2007 年在 96 个县安排建设任务为 176 610 户，获得国家补助资金为 17 661 万元；2008 年在 114 个县安排建设任务为 189 700 户，获得国家补助资金为 18 970 万元。 随着中央补贴政策的调整，2009 年和 2010 年四川农村沼气国债项目的补贴标准提高至 1 500 元/户，2011 年和 2012 年补贴标准又提高至 2 000 元/户。 总体来看，在 2003—2012 年期间，四川农村沼气国债项目建设规模达 1 211 576 户，仅农村户用沼气建设就获得中央预算内资金补助约 154 775.6 万元（见表 4-3）。

表 4-3　2003—2012 年四川农村沼气国债项目实施情况

年份	建设规模（户）	补助标准（元/户）	中央投入资金（万元）	实施县（个数）
2003	65 402	1 000	6 540.2	36
2004	73 020	1 000	7 302	44
2005	72 200	1 000	7 220	50
2006	181 874	1 000	18 187.4	105
2007	176 610	1 000	17 661	96
2008	189 700	1 000	18 970	114

表4-3(续)

年份	建设规模(户)	补助标准(元/户)	中央投入资金(万元)	实施县(个数)
2009	101 510	1 500	15 370.5	—
2010	134 550	1 500	20 182.5	—
2011	137 450	2 000	27 490	87
2012	79 260	2 000	15 852	118
合计	1 211 576	—	154 775.6	—

在中央投资的带动下,"十一五"时期以来,四川新增沼气用户数约362万户(见图4-1)。截至2013年6月,四川全省农村户用沼气累计达582万口,农村沼气普及率达64.4%,养殖场大中型沼气工程累计达1 951处,养殖小区和新村等小型沼气工程累计达3 234处。① 全省累计建成生态家园达400多万户,持证沼气技工和

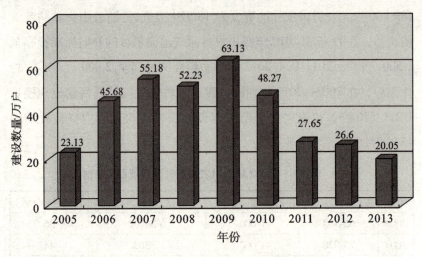

图4-1 2005—2013年四川农村沼气建设情况

———

① 2015年年初,四川省户用沼气保有量首次突破600万户大关,达606万户,约占全国的1/7,居全国第一位;6个市、47个县(市、区)基本实现沼气化;沼气工程保有量达6 209处,7万多户农户实现了集中供气;农村沼气普及率突破65%。

沼气物管员达 2.48 万人。 建成农村沼气乡村服务网点达 9 384 个，覆盖率达 59.2%。 预计到"十二五"末期，四川农村户用沼气的总规模占适宜农户的 75%，基本普及农村户用沼气；新村聚居点生活污水沼气化处理率达 50% 以上；全省县、乡、村三级农村沼气服务站点覆盖 80% 以上沼气用户，实现服务体系基本覆盖，在全国率先基本实现沼气化。

4.3 四川农村沼气发展存在的主要问题

4.3.1 地理条件的制约

四川自古有"蜀道难，难于上青天"之言，四川部分农村交通不便，农户居住比较分散。 经过近十年的大规模建设，区位地理条件和经济条件稍好的地区大多数都已经用上了沼气，而待建农户多数在山区或边远地区，农村沼气池建设成本相对较高，而且后续管理难度较大，农村沼气建设已进入攻坚阶段。 此外，近年来由于地震等自然灾害频发，尤其是"5·12"汶川大地震和"4·20"雅安芦山地震对农村沼气池损毁比较严重，在一定程度上也影响了地震灾区农村沼气的发展。

4.3.2 待建农户参与积极性不高

虽然国家对农村沼气的发展给予了大力的政策扶持，省、市各级地方财政按照中央预算内投资金额的相应比例予以配套支持，也投入了部分资金对积极发展农村沼气的农户进行补贴。 然而，部分农户由于对建设和使用农村沼气的好处认识不到位，导致参与积极性不高，主要体现在两个方面：一是主观认识不充分。目前，大多数农户对沼气建设的认识还停留在解决农民做饭、照明等生活用能的单纯利用上，并未深刻认识农村沼气发展对农村生态环境保护和改善、沼液沼渣的综合利用对农产品质量提高、农民增产增效等方面的重要性。二是其他客观因素的影响。在经济、交通、文化基础较好的地域，大多数年轻人都外出务工，留守妇女和老人对于这项政策的接纳程度不是很高，所谓"家里人外出能赚钱，节不节约燃料费无所谓"，所以农村沼气项目的实施在缺乏劳动力的村、社难度较大。此外，由于农村沼气发展的后续服务管理没有跟上，导致沼气池的使用效率不高甚至被闲置或被废弃，从而也影响了其他农户参与建池的积极性。而在资源禀赋相对较好的地区，由于煤炭、薪材等能源资源比较丰富，农户的生活能源成本相对比较低廉，许多农户根本就不会考虑发展沼气，在一定程度上也影响了农村沼气有关项目的可持续推进。

4.3.3 农村沼气工人流失严重

沼气生产工是经农业部职业技能培训取得沼气生产工职业资格证书的农民技术队伍。他们通过 3 至 5 年的继续培训与操作锻炼，成为合格的沼气生产工人，其收入靠建沼气池取得，一旦所建沼气池通过验收即可兑现，沼气池的建后管理仍然依靠这支骨干技术队伍。由于近年来农村沼气的建池数量仅达高峰期的四分之一，工作量少导致了收入无保障，而且建池农户分散，误工时间多，若按照容积计酬，收入会更少。同时，农民外出务工工资近几年增长幅度较大，收入差距的扩大进一步打击了沼气生产工积极性。外出务工每天工作 8 小时，超 8 小时给加班费，而沼气生产工每天工作时间均在 10 小时以上，工作环境十分潮湿、狭小，导致大量年轻、有泥工技术的沼气生产工流失，部分地方甚至高达 80% 的流失率，而剩下的沼气生产工不是年龄较大，就是技术较差且无其他手艺的人员，对农村沼气池建设与管理工作带来了严重影响。

4.3.4　农村沼气服务网点运行困难

长期以来，受"重建轻管"思想的影响，导致农村沼气发展的后续服务体系建设没能及时跟上，部分农户建池后出现问题时无法及时获得有效的服务，病池、废旧池增多，从而影响农户建设沼气池的积极性。沼气服务网点的工作人员目前没有实行固定工资，收入来源主要是依靠提供相应的服务而收取的劳务费和出售沼气产品相关零配件以获得微利收入，这就导致许多沼气服务网点工作人员无心提供专职服务，许多沼气服务网点的工作人员平时都有其他业务，而沼气服务反而成了兼职，这必然会影响农村沼气池后续服务效果。

由于网点服务人员基本收入得不到保障，大量的沼气生产工离开沼气队伍外出打工，从事沼气建后管理服务的人员更少，数量严重不足。同时，没有政府的进一步的资金投入，农户购买服务的意识淡薄，网点无资金支付人员工资，无资金购买沼气配件，无力维持网点的正常运转。据调查，某市配备有抽渣车 47 台、抽渣泵 904 台、检测设备 305 台和维修工具 818 套。由于各项费用较高，仅有 6 台沼液沼渣抽排车在零星从事服务，利用率为 15%；抽渣泵启用

198台，使用率22%；甲烷检测仪因其操作复杂且灵敏度低，基本未使用。该市80%以上的网点几乎都处于停运状态。

4.3.5 农村沼气产业化发展滞后

目前，农村沼气产业化程度较低，虽然沼气等可再生能源的发展已经形成较大规模，但农村沼气产业体系还没有形成，农村沼气发展缺乏产业支撑，在原料供给、专业技术服务、沼气产品综合利用等方面制约了农村沼气的可持续发展。随着农村沼气工程向规模化、专业化、市场化运营方向的进一步发展，未来将分化出一批专门负责原材料的收集公司、沼气专用设备生产公司、沼液沼渣肥生产公司，应及时出台相关政策，建立利益驱动机制，让社会资本有序进入，从而延长农村沼气上下游产业链，带动农村沼气相关产业的发展，实现农村沼气可持续发展。

4.4 本章小结

本章结合四川实际，首先介绍了四川发展农村沼气的基础和条件，以及四川农村沼气发展的总体情况及主要做法，其次分析了四川农村沼气发展存在的主要问题。研究表明，四川发展农村沼气具有基础优势、资源优势、政策优势和科技优势，同时也面临地理条件差、待建农户参与积极性不高、农村沼气工人流失严重、农村服务网点运行困难、沼气产业化发展滞后等问题。四川有关部门十分重视农村沼气的发展并采取积极有效措施，以此促进农村沼气的发展。

5　农村沼气发展的效益分析

实现农村沼气可持续发展，在效益上必须可持续。 农村沼气发展效益主要体现在政府投资带动下，积极引导农户通过以农村沼气为纽带去联结"三生"（农业生产、农民生活、农村生态），并变"三废"（秸秆、粪便、垃圾）为"三料"（燃料、肥料、饲料），从而有效发挥"三效"（经济效益、生态效益、社会效益）的过程。 因此，本章结合四川农村沼气发展实际，通过对农村沼气发展的效益进行分析，来验证分析框架中所提出的问题，即效益上是否可持续。

5.1　经济效益

农村沼气发展作为一种投资活动，首先必须讲求经济效益，因此本书选择用成本-效益分析法进行评价。 成本-效益分析法（Cost-Benefit Analysis）是通过比较项目的全部成本和效益来评估所投资项目价值的一种方法。 作为一种经济决策分析方法，将其运用到政府公共投资决策之中，以寻求在有关项目的投资决策上怎样才能以

69

最小的投入成本获得最佳的项目收益。

　　成本-效益分析法最早是由 19 世纪法国的经济学家朱乐斯·帕帕特提出的，后来意大利的经济学家维弗雷多·帕累托重新对其进行了界定，美国经济学家约翰·希克斯和尼古拉斯·卡尔德结合以往的研究于 1940 年提炼出成本-效益分析法并开始运用到政府投资决策分析中，随着实践的成功由此被广泛采用。　为了更好地分析农村沼气的发展效益，结合四川实际，本书以农户新建一口 8 立方米沼气池为例，使用寿命 20 年、社会折现率按 10% 计算，分别对项目农户（获得农村沼气国债项目支持的农户）和非项目农户（无补助农户）、有特色产业支撑项目农户与一般项目农户进行对比来分析农村沼气发展的经济效益。

5.1.1　成本效益的构成

5.1.1.1　成本

　　（1）建池成本：由于农村沼气池建设所需的材料如水泥、河沙、卵石、标砖、钢筋等价格和人工费用受市场影响比较大，农户实际建池成本可能因建池时间与建池地域的不同而有所差异。　因此，本书以四川省农村能源办公室提供的投资概算资料为参考，农户新建一口 8 立方米的沼气池平均成本约 3 500 元。

　　（2）运行成本：农村户用沼气池的运行成本主要分为日常维护费用和投料费用。　日常维护费按照农户与农村沼气物业管理协会签订的物业服务协议书规定，每口沼气池每月需要缴纳 3 元作为物业管理费，因而农户需承担的日常维护费用约 36 元/年。　在投料费用上，大多数农户一般选择自己进行投料，主要是大出料时出于安全考虑需要请专业人士进行清掏，户用沼气池一般每两年需除渣一次，平均上门服务费用为 200 元/天。因此，农村户用沼气池的运行成本每年约 36 元，如果需要大出料则运行成本为 236 元。

5.1.1.2 效益

农村沼气发展效益包括直接的经济收益和间接效益两个方面。直接经济收益主要体现在沼气作为生活能源的价值；间接效益包括沼液沼渣综合利用带来的效益、农户劳动时间的节约、因环境卫生的改变而节约的人畜医疗费用支出等。

（1）直接的经济效益。

沼气作为一种生活能源，目前主要用来满足农户自身的家用能源消费，还没有进行市场化交易，因而可以利用机会成本法进行计算。据调查，一口 8 立方米的农村沼气池年均正常产气约 350 立方米，可为农户提供 80% 的生活有效用能，每年有 10 个月可以基本满足农户日煮三餐的需要。对于农村沼气作为能源价值的计算，主要是通过燃烧所提供的热能体现，因而通过沼气能源所产生的热量与其他能源进行折算，就可以计算出替代价值。因此，根据沼气能源与其他能源折算系数（见表 5-1），可以计算出沼气和其他能源的替代效应。其计算公式为：沼气能源替代效益＝（沼气热值×沼气灶热效率×替代能源价格）／（被替代能源热值×被替代能源炉具的热效率）（刘叶志、余飞虹，2009）。

表 5-1　不同能源折算参考系数

能源	平均低位发热量	热效率
电力	3 600 千焦/千瓦小时	80%
沼气	20 908 千焦/立方米	60%
液化气	50 179 千焦/千克	55%
煤炭	20 908 千焦/千克	35%
薪材	16 726 千焦/千克	25%

资料来源:中国能源统计年鉴(2012)。

本书选择与液化气燃料进行替代计算,计算公式为:

$$P = \frac{A \times B}{C \times D} \times E$$

其中: A 为沼气的平均低位发热量,取值为 20 908 千焦/立方米; B 为沼气灶的热效率,一般为 60%; C 为液化气的低位发热量,取值为 50 179 千焦/千克; D 为液化气灶平均热效率,一般为 55%; E 为液化气价格,按照 2013 年当地市场价格 7.0 元/千克计算。

将上述参数带入公式,可以计算出农村沼气作为生活能源消费所带来的经济收益约 1 113 元/年。

(2) 间接效益。

① 沼液沼渣综合利用价值。 由于渣液、沼渣的综合利用目前还没有商品化,因而不能直接用货币来衡量。 因此,本书将农户因使用沼液、沼渣而节约的化肥、农药成本以及沼液沼渣综合利用使农产品质量得到提高而带来的种养业增收作为沼液、沼渣的商品价值体现。

A.节约化肥农药开支:由于沼液沼渣可以作为肥料使用且具有杀虫、防虫功效,它可以替代常规化肥农药,从而节约化肥农药的开支。据测算，农户建一口沼气池，一年可生产沼液沼渣有机肥 12 吨左右，其肥力相当于 50 千克碳氨或 40 千克过磷酸钙或 15 千克氯化钾的化学肥料，能满足 2 亩（1 亩＝0.000 666 7 平方千米）左右无公害粮经作物的用肥需要，将沼液用作叶面施肥，对多种作物的病虫害防治与农药具有同样的防治效果，还可以减少农药和化肥施用量约 20%以上，从而可以减少农药、化肥支出 100 元。

B.综合利用带来的效益：由于沼液沼渣有机肥的使用，可以有效提升农产品质量，从而可以获得更多的经济效益。开展以沼气为纽带的综合利用，发展"猪-沼-茶""猪-沼-果""猪-沼-鱼""猪-沼-菜"等能源生态模式，使得农产品质量大幅提升，尤其是在城市居民越来越青睐有机、绿色农产品消费影响下，其价格将远远优于常规种植的农产品，因而通过沼液沼渣的综合利用，可以实现庭园经济的高效化和农业生产的无害化，从而带动农民的综合利用增收平均约 150 元。

② 减少医药费开支。通过沼气池的修建，配套改厨、改厕、改圈，可彻底改善农民居住环境卫生，提高农民生活质量，培养农民文明生活习惯。人畜粪便进入沼气池厌氧发酵，实现人畜粪便无害化处理，在产生沼气的同时，还可达到杀灭寄生虫卵、病菌，可大量减少蚊虫、苍蝇的滋生，切断病菌的传播途径，大大降低人畜患病概率。从而减少人畜的医药费开支，间接增加农户的经济效益。

③ 节约劳动时间。由于沼气使用的方便、快捷，不仅可以节省农户找拾薪柴的时间，还可以节省做饭时间。据调查，沼气的使用可以使每户每天平均节约 40 分钟的做饭时间。

由以上分析可以看出，农村沼气发展的成本效益构成可以用

表 5-2 来表示, 间接效益中所节约的医药费开支和劳动时间由于计算的复杂性在此不予考虑。

表 5-2　农村沼气发展的成本效益构成

类　别	成　本	效　益
项目农户	① 建池成本 ② 运行成本	① 沼气能源效益 ② 沼液沼渣综合利用效益 ③ 政府补贴
非项目农户	① 建池成本 ② 运行成本	① 沼气能源效益 ② 沼液沼渣综合利用效益

5.1.2　评价指标的选取

一般来说, 对于公共项目评价比较常用的评价指标有净现值(NPV)、内部收益率(IRR)、投资回收期(T)等。 其中, 投资回收期(T)由于不需要考虑时间因素, 因而是一个静态指标; 另外两个指标则是动态评价指标, 需要考虑时间因素, 在实际操作中一般应把不同时间的货币折现到同一个时间点进行计算, 从而使其具有可比性。

5.1.2.1　净现值(NPV)

净现值是指投资项目所产生的现金净流量, 以资金成本为贴现率折现之后与原始投资金额现值的差额。 一般来讲, 净现值越大, 则投资方案可行性越高。 如果净现值结果为正数, 则表示该项目投资在经济上是可行的; 若净现值结果为负数,则表示该项目投资在经济上不可行。 由于该方法考虑了资金的时间价值, 并综合考虑了整个项目生命周期内现金流量的时间分布，因而可以直接用来衡量该项目的经济效益及盈利能力。

计算公式为： $\quad \mathrm{NPV} = \sum_{t=0}^{n} \dfrac{B_t - C_t}{(1 + r)^t}$

其中，B_t 为第 t 年的收益，C_t 为第 t 年的成本，r 为折现率，n 为计算期。

5.1.2.2　内部收益率(IRR)

内部收益率就是指项目在寿命周期内，资金的流入现值总额与资金的流出现值总额相等而且净现值等于零时的折现率。 它是一项投资所期望达到的报酬率。 在一般情况下，如果内部收益率大于或者等于其基准收益率的时候，说明该项目投资是可行的，而且该指标数值越大就越好。 由于内部收益来计算比较复杂，本书直接用 Excel 计算。

5.1.2.3　投资回收期(T)

投资回收期是指从项目正式投资建设之日起，用项目所得的净收益偿还全部投资所需要的年限。 其计算公式为：

T = （累计净现金流量现值出现正值的年数−1）＋上一年累计净现金流量现值的绝对值/出现正值年份净现金流量的现值

5.1.3　结果分析

5.1.3.1　项目农户与非项目农户财务评价

对项目农户与非项目农户进行成本效益评价时，主要区别在于政府补贴是否计入其收益。 按照现行农村沼气中央预算内投资补贴标准，四川农户新建一口沼气池能享受的政府补贴为 2 000 元/口。参照上述思路，项目农户农村沼气建设的财务评价现金流量结果（有补助和无补助）如表 5-3 和表 5-4 所示。

表 5-3　项目农户农村沼气建设的财务评价现金流量表(有补助)

单位:元

年数	成本	收益	净收益	折现系数	净收益现值	累计净收益现值
0	1 500	0	−1 500	1.000 0	−1 500.00	−1 500.00
1	36	1 363	1 327	0.909 1	1 206.36	−293.64
2	236	1 363	1 127	0.826 4	931.40	637.77
3	36	1 363	1 327	0.751 3	997.00	1 634.76
4	236	1 363	1 127	0.683 0	769.76	2 404.52
5	36	1 363	1 327	0.620 9	823.96	3 228.48
6	236	1 363	1 127	0.564 5	636.16	3 864.64
7	36	1 363	1 327	0.513 2	680.96	4 545.60
8	236	1 363	1 127	0.466 5	525.75	5 071.36
9	36	1 363	1 327	0.424 1	562.78	5 634.14
10	236	1 363	1 127	0.385 5	434.51	6 068.64
11	36	1 363	1 327	0.350 5	465.11	6 533.75
12	236	1 363	1 127	0.318 6	359.10	6 892.85
13	36	1 363	1 327	0.289 7	384.38	7 277.23
14	236	1 363	1 127	0.263 3	296.77	7 574.00
15	36	1 363	1 327	0.239 4	317.67	7 891.68
16	236	1 363	1 127	0.217 6	245.27	8 136.94
17	36	1 363	1 327	0.197 8	262.54	8 399.48
18	236	1 363	1 127	0.179 9	202.70	8 602.19
19	36	1 363	1 327	0.163 5	216.98	8 819.16
20	236	1 363	1 127	0.148 6	167.52	8 986.68

从上表可知，项目农户建设沼气池的累计净收益现值为 8 986.68 元，净现值为 8 169.71 元，内部收益率（IRR）为 84%，大于社会贴现率 10%，投资回收期为 1.32 年，即在第二年就能收回投资，远远大于农村沼气池的使用年限 20 年。因此，四川发展农村沼气对农户来讲有很好的经济效益，具有推广价值。

表 5-4　非项目农户农村沼气建设的财务评价现金流量表（无补助）

单位:元

年数	成本	收益	净收益	折现系数	净收益现值	累计净收益现值
0	3 500	0	-3 500	1	-3 500.00	-3 500.00
1	36	1 363	1 327	0.909 1	1 206.36	-2 293.64
2	236	1 363	1 127	0.826 4	931.40	-1 362.23
3	36	1 363	1 327	0.751 3	997.00	-365.24
4	236	1 363	1 127	0.683 0	769.76	404.52
5	36	1 363	1 327	0.620 9	823.96	1 228.48
6	236	1 363	1 127	0.564 5	636.16	1 864.64
7	36	1 363	1 327	0.513 2	680.96	2 545.60
8	236	1 363	1 127	0.466 5	525.75	3 071.36
9	36	1 363	1 327	0.424 1	562.78	3 634.14
10	236	1 363	1 127	0.385 5	434.51	4 068.64
11	36	1 363	1 327	0.350 5	465.11	4 533.75
12	236	1 363	1 127	0.318 6	359.10	4 892.85
13	36	1 363	1 327	0.289 7	384.38	5 277.23
14	236	1 363	1 127	0.263 3	296.77	5 574.00
15	36	1 363	1 327	0.239 4	317.67	5 891.68
16	236	1 363	1 127	0.217 6	245.27	6 136.94
17	36	1 363	1 327	0.197 8	262.54	6 399.48
18	236	1 363	1 127	0.179 9	202.70	6 602.19
19	36	1 363	1 327	0.163 5	216.98	6 819.16
20	236	1 363	1 127	0.148 6	167.52	6 986.68

从上表可知，非项目农户建设沼气池的累计净收益现值为
6 986.68 元，净现值为 6 351.53 元，内部收益率（IRR）为35%，大
于社会贴现率10%，投资回收期为 3.47 年，即在第四年可以收回投
资，远远大于农村沼气池的使用年限 20 年。 因此，四川发展农村
沼气，即便对于没有政府补贴的农户来讲也有较好的经济效益。

5.1.3.2 有特色产业支撑项目农户与一般项目农户财务评价

基于以上分析，本书假定一般项目农户与有特色产业支撑项目
农户的区别主要体现在沼液沼渣综合利用收益方面。 一般项目农户
综合利用收益按有关部门长期经验测算所提供的平均值约 150 元，
而有特色产业支撑的项目农户，本书结合实地调研情况，选择特色
产业发展和综合利用比较好的典型村镇农户予以测算。

酿酒产业为泸州市重点发展产业，泸州高粱是酿造国家名酒
"泸州老窖""古蔺郎酒"的最佳原料，有机糯红高粱是打造和提升
"国窖 1573"的主体原料。 由于受到从北方调进酿酒原料的运输成
本上涨以及全国高粱供应紧张因素的影响，围绕"泸州老窖""古蔺
郎酒"两大龙头企业对有机原料的需求，政府决定在当地建设一批
红高粱种植基地。 为了给基地提供大量优质且符合红粮生产的有机
肥料，各级政府采取多种措施积极鼓励农户大力发展农村沼气，从
而形成了"猪-沼-高粱"综合利用模式。

为了充分调动农户生产积极性，由酿酒企业或者粮食企业负责
与农民签订高粱种植订单，具体采用以下两种运作方式：一是采用
"酿酒企业+基地+协会+农户"的运作模式，酿酒企业与基地乡镇
（农户）签订种植订单，由酿酒企业直接收购或委托粮食经营企业

代购代贮；二是采用"粮食企业+基地+协会+农户"的运作模式，由粮食企业根据酿酒企业签订的高粱需要量，与基地乡镇（农户）签订种植订单，粮食企业直接收购。

酒业公司为了鼓励核心示范区种植户修建沼气池，由该公司检查合格后给予农户修建沼气池人工费、材料费补贴约 300～500 元/口。对核心区和有机认证区签订合同的农户实行种子补贴；对基地无公害高粱种植农户实行最低保护价收购政策。建池农户通过沼液沼渣的综合利用种植有机高粱，亩产约 250 千克。按照 2013 年价格，普通高粱市场价格为 5.6 元/千克，而有机高粱价格一级为 9 元/千克，二级为 8 元/千克，三级为 7 元/千克。如果有机高粱平均价格按照 8 元/千克计算，有机高粱种植户与普通高粱种植户平均每亩收入差距约 600 元。由此，有特色产业支撑项目农户财务评价结果如表 5-5 所示。

表 5-5　有特色产业支撑的项目农户沼气建设财务评价现金流量表

单位:元

年数	成本	收益	净收益	折现系数	净收益现值	累计净收益现值
0	1 100	0	−1 100	1	−1 100.00	−1 100
1	36	1 963	1 927	0.909 1	1 751.82	651.82
2	236	1 963	1 727	0.826 4	1 427.27	2 079.09
3	36	1 963	1 927	0.751 3	1 447.78	3 526.87
4	236	1 963	1 727	0.683 0	1 179.56	4 706.44
5	36	1 963	1 927	0.620 9	1 196.51	5 902.95
6	236	1 963	1 727	0.564 5	974.85	6 877.80
7	36	1 963	1 927	0.513 2	988.86	7 866.65
8	236	1 963	1 727	0.466 5	805.66	8 672.31

表5-5(续)

年数	成本	收益	净收益	折现系数	净收益现值	累计净收益现值
9	36	1 963	1 927	0.424 1	817.24	9 489.55
10	236	1 963	1 727	0.385 5	665.83	10 155.38
11	36	1 963	1 927	0.350 5	675.40	10 830.78
12	236	1 963	1 727	0.318 6	550.28	11 381.06
13	36	1 963	1 927	0.289 7	558.18	11 939.24
14	236	1 963	1 727	0.263 3	454.77	12 394.01
15	36	1 963	1 927	0.239 4	461.31	12 855.32
16	236	1 963	1 727	0.217 6	375.85	13 231.17
17	36	1 963	1 927	0.197 8	381.25	13 612.42
18	236	1 963	1 727	0.179 9	310.62	13 923.03
19	36	1 963	1 927	0.163 5	315.08	14 238.11
20	236	1 963	1 727	0.148 6	256.71	14 494.82

从以上分析可以看出，有特色产业支撑的项目农户建设农村沼气池的累计净收益现值为 14 494.82 元，净现值为 54 933.29 元，内部收益率（IRR）达 170%，远远高于社会贴现率 10%，投资回收期为 0.63 年，即在当年就可以收回投资。因此，农村沼气的发展对于有特色产业支撑的农户来讲，经济效益十分可观。

5.1.3.3 有特色产业支撑项目农户、一般项目农户与非项目农户三者之间的比较

按照农户新建一口 8 立方米沼气池，年产沼气约 350 立方米，使用寿命 20 年予以测算，有特色产业支撑的项目农户建设农村沼气池的净现值为 54 933.29 元，一般项目农户建设沼气池的净现值为 8 169.71 元，而非项目农户的净现值 6 351.53 元；有特色产业支撑

80

的项目农户建设沼气池的内部收益率为170%，一般项目农户的内部收益率为84%，非项目农户为35%。 项目农户的投资回收期为1.32年，比非项目农户投资回收期3.47年短约2.15年，而有特色产业支撑的项目农户建设沼气池的投资回收期仅为0.63年。 无论是净现值、内部收益率指标还是投资回收期，都表现出以下特点，即有特色产业支撑的项目农户＞一般项目农户＞非项目农户（见表5-6）。由此，农村沼气作为一项基础性设施工程建设，其发展具有正的外部性，属于公共产品的范畴，政府理应承担更多的责任，让农村居民分享改革发展成果。 同时，农村沼气要实现可持续发展，必须通过特色产业发展以发挥"三沼"的综合利用效益。

表5-6　有特色产业支撑的项目农户、一般项目农户与非项目农户之间的比较

类　别	净现值(元)	内部收益率(%)	投资回收期(年)
非项目农户	6 351.53	35	3.47
一般项目农户	8 169.71	84	1.32
有特色产业支撑的项目农户	54 933.29	170	0.63

5.2　生态效益

5.2.1　巩固了退耕还林的成果

退耕还林是我国生态环境建设的重点工程，也是建设长江上游生态屏障的重要保障。 四川位于我国长江上游，属于退耕还林区域的重要省份，退耕具体涉及全省21个市（州）、174个县（市、

区），总计约900万农户。 由于四川退耕还林地区农户长期都是以薪材作为生活燃料，农村生活用能结构不太合理。 通过农村沼气有关项目的实施,鼓励农户积极参与发展和使用农村沼气，用沼气能源替代传统的薪柴砍伐，以解决农户的日常生活用能消费问题，从而有效保护了森林植被。

由中国农业大学环境影响评价中心负责的《利用世界银行贷款中国新农村生态家园富民工程项目环境影响评价报告》指出，农村沼气的使用可以减少薪材消耗，从而有效保护林木的生长。 根据农业部农村经济研究中心对"生态家园富民计划"示范村的调查显示，每口沼气池可以节省约1.2吨薪材，若按照含水率为5%计算，相当于节省了2.2吨湿柴，按照每亩林木折合700千克湿柴推算，每口沼气池可以保护0.22公顷森林（约3.3亩，1亩=0.000 666 7平方千米），减少水土流失2立方米。 按照以上测算方法，四川现有的582万口沼气池相当于可以保护约12.8万公顷森林，减少水土流失约1 164万立方米。 由此可见，农村沼气发展能有效巩固退耕还林成果。

5.2.2 促进农村节能减排

农村沼气不仅可以替代传统的薪柴、秸秆等生物质能源，还可以替代商品能源如煤炭、液化气等。 据测算，传统的薪柴炉灶热效率仅为8%~15%，煤炉的热效率也只能约达20%，而按照《家用沼气灶》技术要求，在额定热流时沼气的热效率应大于55%，因而相比较而言能产生明显的能源利用效率。 不仅农村沼气替代传统能源能减少CO_2气体的排放，畜禽粪便通过厌氧消化发酵也可以减少CH_4

气体的排放 （高新星、赵立欣，2006）。 根据前面的介绍，四川 2003—2012 年仅农村沼气国债项目实施户数总计约 1 211 576 户，按照每口沼气池年均产气量 350 立方米进行测算，四川农村沼气国债项目总产气量约 42 405.16 万立方米。 如果按照沼气的低位热值 20 908 千焦/立方米，热利用率为 60%计算；而标准煤热值 29 306 千焦/立方米，热利用率为 25%计算，四川实施农村沼气国债项目可以节约标煤约 72.61 万吨。 如果按照因农村沼气国债项目带动的所有农村沼气工程建设农户数 582 万口计算，可以节约标准煤约 348.79 万吨。

在减排效果测算方面，本书借鉴王革华 （1999）、甘福丁 （2012） 等人关于 CO_2 排放量测算方法来进行具体计算。

按照沼气的热值为 20 908 千焦/立方米，碳排放系数为 15.3 吨/万亿焦耳计算，则沼气的 CO_2 排放量为：

$$CO_{2沼气} = Q_{沼气} \times 0.209 \times 15.3 \times 44/12 = 11.725C_{沼气} \qquad (5-1)$$

其中，$CO_{2沼气}$ 为沼气作为生活能源的 CO_2 排放量，$Q_{沼气}$ 为沼气消耗量 （万立方米），44/12 为 CO_2 分子量与 C 原子量之比。

按照煤炭的热值为 0.020 9 万亿焦耳/吨，碳排放系数为 24.26 吨/万亿焦耳，民用炉灶碳氧化率取 80%计算，则煤炭的 CO_2 排放量为：

$$CO_{2煤炭} = Q_{煤炭} \times 0.020\ 9 \times 24.26 \times 80\% \times 44/12 = 1.487C_{煤炭}$$

$$(5-2)$$

其中，$CO_{2煤炭}$ 为使用煤炭的 CO_2 排放量，$Q_{煤炭}$ 为民用煤炭的消耗量 （吨）。

按照获得等量的有效能来进行折算，1 立方米沼气可以替代 2 千克煤炭。 由于农村沼气使用产生的减排 CO_2 应为沼气所替代的煤炭

的 CO_2 排放量与沼气燃烧产生的 CO_2 排放量之差，根据式 (5-1)、式 (5-2) 可计算出农村沼气发展带来的减排效果。

$$CO_{2减排效果} = CO_{2煤炭} - CO_{2沼气} = 18.015Q_{沼气} \qquad (5-3)$$

按照四川 2003—2012 年实施农村沼气国债项目后总沼气的产生量 42 405.16 万立方米计算，四川因农村沼气国债项目的实施而减少的 CO_2 排放量约 76.39 万吨。因农村沼气国债项目带动的所有农村沼气工程建设而减少的 CO_2 排放量约 366.97 万吨。由此可见，农村沼气的发展不仅改变了农村的能源消费结构，同时也促进了农村的节能减排。

5.2.3　有效治理农村面源污染

农村面源污染是指农业生产过程中过量施用农药、化肥和生产过程中产生的有机废弃物，如秸秆以及畜禽粪便未经处理随意排放所带来的对环境的污染。据研究显示，全国畜禽粪便中各种污染成分的年产生量已经接近工业废水污染，而畜禽粪便进入水体中的化学需氧量、氮、磷的含量已经超过化肥。每逢农作物收获季节，大量秸秆焚烧产生的浓烟污染大气环境，不仅危害人类的身体健康，甚至还影响了道路交通和航空的安全（王益谦，2008）。

四川是畜牧业大省，畜禽污染已成为四川农村面源污染的主要污染源。四川也是农业大省，全省化肥施用量达 220 万吨，平均化肥施用量约 490 千克/公顷，远远高于全国 330 千克/公顷的平均水平，农药使用量也达 5.63 万吨，而当季全省的平均利用率仅为 30%～35%。通过发展农村沼气，采用沼气发酵技术可以将人畜粪便、农作物秸秆等通过微生物的作用转化为可利用的新能源，且沼液沼渣的综合利用可以减少化肥、农药的施用，从而有效解决农村面源治理。

5.3　社会效益

5.3.1　改善卫生条件,使农村村容、村貌更加整洁

农村普遍存在的问题就是厨房与畜禽圈舍相邻,环境脏、乱、差。 农村沼气池建设与改厨、改厕、改栏、改水、改路相结合,人畜禽粪便通过农村沼气池及时进行发酵和无害化处理,可以灭杀有害病菌和寄生虫,农村的柴草堆、粪土堆也得到有效整治,庭院得以净化、绿化、美化。 因此,通过农村沼气的发展,做到圈厕分离、畜禽独居,从源头上控制了农村传染疾病的发生,不仅改善了农户的卫生条件,还提高了农民的身体健康水平,是新农村建设中"村容整洁"的有效实现形式。

5.3.2　改变生活方式,推进农村生态文明建设

通过农村沼气的发展,农村告别了"烟熏火燎"的历史,缩短了找柴火、做饭时间,减轻了农户的劳动强度。"只闻饭菜香,不见炊烟起",建池农户像城里人一样用上了方便快捷的清洁能源,农户有更多的空闲时间和精力去学习新技术、新技能,不仅增强了环保意识,而且提高了农户的生活质量。 因而农村沼气的发展不仅推动了美丽乡村的建设,同时也推进了农村生态文明进程。

5.3.3　带动相关产业发展,促进农村劳动力就地转移

农村沼气的发展是一个系统工程,不仅需要大量资金的投入,而且还需要大量的人力、物力的支撑。 一方面,农村沼气池的修建

需要水泥、砂石、钢材、标砖等材料，因而农村沼气的发展可以拉动相关建筑材料的生产和消费，沼气灶具和其他零配件等相关厂商也可以不断扩大产能，满足农村沼气的快速发展建设需要，从而有利于带动农村沼气产业链条中有关企业的发展；另一方面，农村沼气施工过程和后续服务管理需要大量劳动力和技术工人，按照每个技工配备 3 名辅助生产工人、农村沼气技工人数与建池口数 1∶50 的要求，每万口农村沼气池的建设与维护，就可以吸纳约 800 人的农村劳动力，从而给农村剩余劳动力提供了大量就业岗位，解决了农村劳动力就地转移问题。

5.4 本章小结

本章通过对农村沼气发展的成本和效益分析可以看出，农户参与农村沼气的发展，不仅可以获得沼气作为生活能源消费替代的直接经济效益，还可以通过对沼液沼渣的综合利用带来因减少化肥、农药的开支、农产品质量提高所产生的间接经济效益。 分析结果显示，从经济效益看，有特色产业支撑的项目农户>一般项目农户>非项目农户。 此外，四川农村沼气发展可以保护约 12.8 万公顷森林，减少水土流失约 1 164 万立方米。 同时为农户减少 20%以上的农药和化肥施用量，节约标煤约为 348.79 万吨，减少的 CO_2 排放量约 366.97 万吨。 因此，具有较好的经济效益、生态效益和社会效益。

6 农村沼气发展的农户满意度评价

公共政策实施效果评估不仅有利于政府对公共政策执行情况进行有效监管，同时有利于为项目的可持续推进和政策优化调整提供决策参考。 农村公共政策的绩效评价可以划分为工具性绩效和非工具性绩效（李燕凌，2007）。 工具性绩效主要是政府出于项目管理的考量，从项目管理者角度出发，对项目实施的经济性、社会性等客观层面的绩效评价，主要关注供给绩效而非工具性绩效，主要是从农户角度对政府提供的公共产品和服务进行主观感受的测度。 一般来讲，评判一项产品的好坏，消费者的主观感受比其他任何客观数据更具有说服力，而社会公众认可度和满意度高的公共产品或服务才是社会公众真正需要的。 因此，农村沼气发展作为政府提供的一项公共产品，不仅要从政府供给层面还应该从农户需求层面予以关注。 本章主要是从农户视角出发，结合项目区农户问卷调查情况，借鉴顾客满意度测评理论，对农村沼气发展进行农户满意度评价，以期为农村沼气发展的有关政策调整提供决策参考。

6.1 研究设计与数据准备

6.1.1 调查设计

为了更真实了解农户对农村沼气发展的看法，本书采用李克特量表（Likert Scale）作为农村沼气项目实施满意度测评工具，将评价结果分为五个等级，用 1~5 表示从"完全不赞同"到"完全赞同"的过渡，对应的分值"1、2、3、4、5"分别表示"完全不赞同""不太赞同""一般""比较赞同""完全赞同"，数值越大表示农户对相应题目认同度越高。农户在评价的时候，只需要根据自身感受和态度来进行选择即可。

考虑农户对农村沼气有关项目实施的满意度评价，不仅要看农村沼气项目实施的过程，同时也要看结果；不仅要看沼气池建设以及政策落实情况，还要看包括服务管理在内的相关情况，即沼气池建设的前期宣传以及后期管理和服务等。

因此，在农户问卷设计中，除了涉及农户基本情况以外，还包括政府对农村沼气发展的重视程度及宣传力度、国家有关政策的补贴标准、补贴发放时间、补贴发放方式，沼气池建设及其配套设备产品质量及安全性、农户对相关服务部门的满意度，以及农户对沼气池建设以后所带来的经济效益、社会效益、生态效益的感知和农户对未来农村沼气发展前景认知等方面。

6.1.2 数据来源

本书所采用的数据主要来源于作者的农户问卷调查和部门访谈。 调查样本的选取主要采用典型抽样和随机抽样相结合的方法。作者主要根据农村能源办公室工作人员的介绍，选取已经实施农村沼气项目的典型村镇进行调查。 总共发放农户问卷 500 份，回收有效农户问卷 428 份，有效回收率为 85.6%，样本总体上具有较好的代表性。 部门访谈资料主要来源于四川省发展改革委员会、四川省农村能源办公室以及调研所在地相关部门。

6.1.3 信度与效度检验

信度（Reliability）又被称作测量的可靠性，是指实地调研所获得数据的可信程度。 一般采用克朗巴哈系数（Cronbach's Alpha 或 Cronbach's α）来估计调查问卷的信度（叶国成，2003）。 其计算公式为：

$$\alpha = \frac{n}{n-1}(1 - \sum_{i=1}^{n} s_i^{\,2}/s_p^{\,2})$$

其中，n 为量表中项目的个数，$s_i^{\,2}$ 为第 i 个项目得分的方差，$s_p^{\,2}$ 为总方差。 一般而言，克朗巴哈系数值越大，说明测量的信度越高。 目前大家公认的比较合适的克朗巴哈系数临界值为 0.7。 本书采用 SPSS（统计产品与服务解决方案）统计分析软件对调研数据进行了信度分析，结果显示克朗巴哈系数值为 0.82（见表 6-1），该数值已大于 0.7，说明本书问卷的信度在可接受范围内。

表 6-1　信度检验

克朗巴哈系数	项目个数
0.820	30

　　效度（Validity）即有效性，是指测量的有效程度或者测量的正确性。具体来讲主要包括：内容效度（Content Validity）以及结构效度（Constuct Validity）。内容效度又叫作表面效度，是指测量内容与测量目标之间是否合适，也就是测量项目对研究对象的涵盖程度。通常用逻辑分析法进行测度，一般可邀请相关领域研究者或专家来进行评判。本书也采用此方法，鉴于拟测定农户对农村沼气项目实施的满意度，而量表中所涉及的题项基本涵盖了农户对政府所提供的该产品或服务的全过程的态度，因而符合内容效度的基本要求。结构效度又称为建构效度，主要测量项目研究的整体性程度。一般采用因子分析来测量量表或者整个问卷的结构效度。因子分析的主要目的是从量表选项中提取一些公因子，而这些公因子即代表了量表的基本结构。在因子分析中，巴特利特球形检验（Bartlett Test of Spericity）和 KMO 检验结果可以很好地予以说明。一般认为，如果 KMO 值结果大于 0.5 时，就可以考虑做因子分析。本书对调查样本分别进行了 KMO 检验和 Bartlett 检验，结果显示 KMO 值为 0.772（见表 6-2），Bartlett 检验结果也达到了显著水平（$p = 0.000 < 0.001$），提取的主因子解释总变异大于 60%，因而说明问卷具有较好的结构效度。

表 6-2 效度检验

效度检验	数值
抽样适度测定值	0.772
巴特利球度检验	/
显著性水平	0.000

6.2 样本农户的描述性统计分析

6.2.1 样本农户的基本特征

6.2.1.1 个体特征

在被调查农户中，男性有 268 人，占样本总数的 62.6%；女性有 160 人，占样本总数的 37.4%。 其中，年龄为 30 岁及以下的有 25 人，占调查样本总数的 5.84%；年龄为 30~45 岁的有 93 人，占调查样本总数的 21.72%；年龄为 45~55 岁的有 184 人，占调查样本总数的 42.99%；年龄为 55 岁及以上的有 126 人，占调查样本总数的 29.45%（见表 6-3）。 而被调查者文化程度为小学及以下的有 256 人，占调查样本总数的 59.81%；文化程度为初中的有 132 人，占调查样本总数的 30.84%；文化程度为高中的有 25 人，占调查样本总数的 5.84%；文化程度为大专及以上的有 15 人，占调查样本总数的 3.51%（见表 6-4）。

91

表 6-3　被调查农户的年龄分布

年龄（岁）	30 及以下	30~45	45~55	55 岁及以上	合计
样本数（户）	25	93	184	126	428
比例(%)	5.84	21.72	42.99	29.45	100

表 6-4　被调查农户的文化程度

文化程度	小学及以下	初中	高中	大专及以上	合计
样本数（户）	256	132	25	15	428
比例(%)	59.81	30.84	5.84	3.51	100

6.2.1.2　家庭特征

从受访者的家庭特征来看，样本农户家庭平均人数为 4.14 人，户均劳动力人数为 2.20 人，比较符合当前农村家庭实际。 具体来看，被调查者的家庭人口总数为 3 人及以下的有 150 户，占样本总数的 35.05%；家庭人口总数为 4~5 人的有 224 户，占样本总数的 52.34%；家庭人口总数为 6 人及以上的有 54 户，占样本总数的 12.61%。 家庭劳动力人数为 2 人及以下的有 351 户，占样本总数的 82%；家庭劳动力人数为 3 人的有 50 户，占样本总数的 11.7%；家庭劳动力人数为 4 人及以上的有 27 户，占样本总数的 6.3%。 从外出务工情况看，有 119 个受访者表示家里常年会有 1 人在外务工，占样本总数的 27.8%；有 89 个受访者表示家里常年会有 2 人外出务工，占样本总数的 20.8%；而约有 51.4% 的农户表示家里没有人常年外出。 在实地调查中也发现，部分农户更倾向于在农闲的时候去离家近的场镇做临时工，兼业性比较明显，既可以兼顾家庭和农业生产，还增加了工资性收入。

从家庭收入看，家庭年均收入在 1 万元以下的农户占样本总数的 12%；家庭年均收入在 1 万~3 万元的农户占样本总数的 43%；家庭年均收入在 3 万~5 万元的农户占样本总数的 30%；家庭年均收入在 5 万元以上的农户占样本总数的 15%。其中，家庭年均收入在 5 万元以上这部分农户家庭要么是有人常年外出务工，要么是小型养殖户或搞特色种植（见图 6-1）。

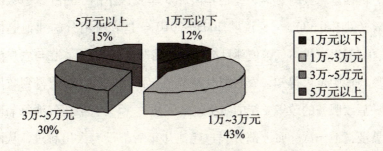

图 6-1　受访者的家庭收入情况

从养殖规模看，生猪存栏数在 1~3 头的约占样本总数的 54%，4~10 头的约占样本总数的 23%，10 头以上的约占样本总数的 4%。值得注意的是，有 83 个被调查农户表示家里没有养猪，占样本总数的 19%（见图 6-2）。

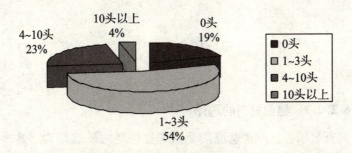

图 6-2　受访者的家庭养殖情况

6.2.2 农户参与农村沼气的建设和使用情况

6.2.2.1 建池年限

从调查情况看,建池年限在 10 年以上的,占样本总数的 4%; 建池年限在 5~10 年的,占样本总数的 38%;建池年限在 3~5 年 的,占样本总数的 39%;建池年限在 3 年及以下的,占样本总数的 19%(见图 6-3)。 这说明 2003—2010 年是农村沼气的建池高峰 期,与四川农村沼气国债项目推进整体情况基本吻合。 在与农户的 深度访谈中也可得知,农村沼气池建池年限越久的,期望得到政府 有关后续服务的政策支持的愿望就越强烈。 因为一般沼气池每隔两 年就要清池一次,而大部分农户建池几年后都没有大出料过,从而 导致产气效果不佳,影响了农村沼气池的正常使用效率。

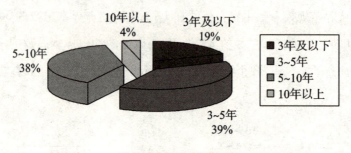

图 6-3 建池年限情况

6.2.2.2 建池材料的选择

调查显示,农户普遍能接受的建池材料为砖混结构,其次是玻 璃钢构造。 农村户用沼气池型结构主要包括砖混结构、混凝土整体浇注、预制大板+固化土结构、新型软体结构以及玻璃钢等。 新型软体结构虽然在价格上有比较优势，但由于农户担心存在安全性隐患，在农村没能得到广泛推广。 采用玻璃钢材料制作的沼气池，由于密封性能好，不渗水、不漏气，且使用玻璃钢沼气池可以解决大出料难的问题，只要拆移气室即可敞开出料，出渣时人员无须下池，直接站在地面即可出渣，避免了安全隐患，因而得到政府的大力推广，有的地方甚至将新型建池材料模压式玻璃钢拱盖沼气池推广率达 70%以上作为重要的考核指标，但由于常用规格只有 6 立方米、8 立方米和 10 立方米，储气量比较小，因而对于养殖规模比较大的农户不太适宜。

6.2.2.3 农村沼气池的修建

从建池情况看，有 30%农户是找亲友帮忙，有 31%的农户表示由沼气服务公司负责，有 35%的农户表示在乡镇技术人员指导下修建，而仅有 3%的农户选择了自己修建，还有 1%的农户表示选择其他方式（见图 6-4），从农户深度访谈可以得知，选择自己修建的这部分农户主要是因为其本身就是沼气生产工，完全有条件自建。

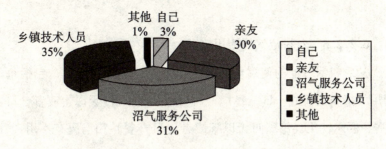

图 6-4 农村沼气池的修建

6.2.2.4　建池原因

调查结果显示，有162位受访者表示建设沼气池主要是出于自愿，占样本总数的37.85%，有的甚至表示即便没有政府补贴也会建，尤其是小型养殖户，不仅可以节约圈舍照明取暖能耗，还可以解决畜禽粪便处理的问题；有122位受访者表示选择了建池是基于政府补贴政策的吸引，占样本总数的28.50%；有103位受访者表示选择了亲邻家示范（亲戚、朋友或邻居家），占样本总数的24.07%，这说明先建池农户可以起到示范带动效应，也反映了农村基于地缘人缘关系特征；只有41位受访者表示当初建池是出于政府安排，仅占样本总数的9.58%，这也说明了农村沼气发展基本遵循了农户自愿原则（见表6-5）。

表6-5　被调查农户的建池原因

原因	政府安排	亲邻家示范	补贴政策吸引	自愿	合计
样本数(户)	41	103	122	162	428
比例(%)	9.58	24.07	28.50	37.85	100

6.2.2.5　农村沼气的使用情况

从农村沼气池的使用情况看，本书设计了四个选项，包括每天使用（每周七天或一日三餐）、经常使用（每周四天以上或者一日两餐）、偶尔使用（每周四天以下或者一日一餐）和已废弃不用。调查结果显示，有9.81%的农户能保证每日三餐使用；有58.41%的农户表示经常使用；有29.67%的农户表示偶尔使用，主要原因是在于原材料不够导致产气不足；还有 2.11% 的农户表示已废弃不用（见表 6-6）。结合调查辅助记录，这部分农户主要是因为地震或者高速路修建导致沼气池的损毁。

表 6-6　农村沼气的使用情况

使用情况	每天都要用	经常使用	偶尔使用	已废弃不用	合计
样本数（户）	42	250	127	9	428
比例（%）	9.81	58.41	29.67	2.11	100

6.2.2.6　综合利用情况

在沼液沼渣的处理方面，大部分农户选择了自己使用，占到样本总数的 78%，只有 22% 选择了丢弃，说明农户对沼液沼渣的利用价值有一定的认知；但在如何发挥沼液沼渣的最佳利用效果方面，很多农户表示希望得到有关方面的指导。调查也发现部分农户由于对沼液沼渣的首次利用不当导致农作物遭受损失后，就容易形成对沼液沼渣利用的误解，从而产生丢弃行为。据有关专业人士介绍，一般干旱季节不宜大换料。有的地方规定 5~8 月不准清掏，而 3 月和 9 月下旬比较适合大换料；沼液沼渣不可直接施用，必须要存放 2~3 天或者按 1:2 比例稀释后，等到菌种自然死亡后再进行施用效果会更好，但有的农户由于没有地方进行存放，选择了直接偷排。

6.2.2.7　原材料来源

从原材料来源看，有 84.57% 的农户选择了全部自家提供，而 15.43% 的农户选择了自家提供和部分购买，这说明农村沼气池原材料自备特征明显；但原材料市场化交易在逐步形成，尤其是有养殖大户或者大型养殖场的地区，周边农户如果自家原材料缺乏，可以选择去大型养殖场购买猪粪、鸡粪等。据农户介绍，有的养殖场急于处理畜禽粪便就免费提供，有的也仅售1~3元/包，农户再结合自家的人畜粪便勉强能维持沼气池的正常产气。

6.2.2.8 面临的主要困难

在农村沼气使用过程中，原材料不足是农户面临的最主要的困难，占到了31.54%；随后是技术问题和维护成本高，分别占样本总数的27.33%和24.31%；还有16.82%的农户选择了劳动力缺乏（见表6-7）。这些也是各地农户面临的普遍问题，并在一定程度上影响了农村沼气有关项目的顺利实施。

表6-7 面临的主要困难

主要困难	原材料不足	劳动力缺乏	技术问题	维护成本高	合计
样本数（户）	135	250	127	9	428
比例(%)	31.54	16.82	27.33	24.31	100

6.2.3 农户对农村沼气发展的认知

6.2.3.1 信息来源渠道方面

在农户对农村沼气相关政策的了解途径上，有43.93%的农户选择了政府宣传；有49.52%的农户选择了亲友告知；有5.14%的农户选择了新闻媒体；仅有1.41%的农户选择了培训讲座（见表6-8）。

说明大部分地方政府在农村沼气的政策宣传方面还是做得比较好，而除了传统的靠亲友关系了解外，其他途径有待加强。 尤其是随着广播、电视、网络等媒体在农村的延伸，可以考虑利用多种方式积极宣传农村沼气发展的重要性和好处，普及和强化有关综合利用、安全使用知识，从而形成良好的舆论氛围。

表6-8　信息来源渠道

信息渠道	政府宣传	亲友告知	新闻媒体	培训讲座	合计
样本数(户)	188	212	22	6	428
比例(%)	43.93	49.52	5.14	1.41	100

6.2.3.2　管护方面

调查显示，大部分农户可接受的维护费用为每年50元以下，占样本总数的53%；33%的农户选择为50~100元；11%的农户选择为100~200元；仅有3%的农户选择可接受的范围在200元以上（见图6-5）。据有关人士介绍，随着人工成本的上涨，一般大出料的费用都在200~300元以上，虽然政府出于安全管理需要有提醒或明令禁止，但很多农户不愿意出钱，依然选择自己进行出料，由于缺乏相关保护措施，这在一定程度上造成了人身安全隐患。 如何切实解决后续管护问题，保证农村沼气的安全、正常运行值得关注。

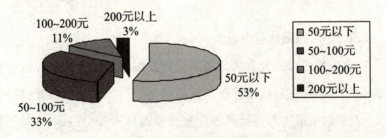

图6-5　能接受的维护费用

6.2.3.3　培训方面

在问到农户是否参加过有关培训时，本书设置了安全使用、日常维护和综合利用等选项。 调查结果显示，只有18%的农户选择了安全使用；有3%的农户选择了日常维护；大部分农户表示从来没有参加过任何培训，占到样本总数的74%；选择综合利用选项的农户占样本总数的5%，这也和综合利用调查情况基本吻合（见图6-6）。 值得说明的是，安全使用和日常维护其实在建池交付使用的时候，一般技术人员和政府相关工作人员都会当面讲解和提醒农户，而政府专门组织的培训讲座主要涉及有关沼气生产工人或者物业管理人员、村干部等少数人的参与。 这说明在对普通农户的相关培训方面还有待加强。

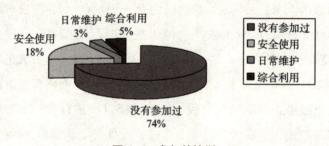

图 6-6　参加的培训

6.2.3.4　政策改进方面

在对现行农村沼气有关政策的认知方面，大部分农户反映补贴标准偏低，而且在后续管护服务方面望进一步加大相应政策扶持力度。 农户意见最大的是灶具等配套产品的质量安全问题。 基于安全考虑，现行农村沼气相关配套产品实行政府集中采购，并在中央

预算内补贴资金中统一扣减，由于部分农户对产品质量和价格都有
疑虑，希望能改变补贴方式，将补贴资金全部直接补给农户。要建
立农户对政府采购的信任，必须提高相关配套产品提供者的质量意
识和售后服务意识，因而如何建立对沼气相关产业的激励和约束机
制有待思考。

6.2.3.5　没有补贴的建池意愿

已建农户在被问及"如果没有政府补贴，是否愿意修建农村沼
气池"的问题时，仍有 85% 的农户选择了愿意，说明农户参与农村
沼气发展的意愿是比较强烈的，农村沼气发展也得到了农户的广泛
认可（见图 6-7）。

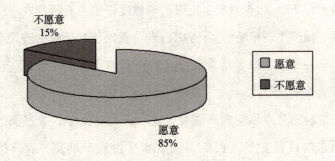

图 6-7　没有补贴的建池意愿

6.3　样本农户的满意度评价

6.3.1　评价方法的选择

顾客满意度起源于 20 世纪 80 年代的顾客预期差异理论，在此

基础上，美国于 1994 年建立了顾客满意度指数（CSI）计量经济模型，该模型在西方国家由私人领域扩展到公共领域，并成为制定公共政策的重要参考指标。就农户对农村沼气发展的满意度评价而言，由于评价主体是农户，而且农户也是该政策的直接受益者，因而可以将农户看成是政府实施农村沼气有关政策的"顾客"，从而可以从顾客满意度这一角度来测算该政策的实施效果。

满意度是一个心理学上的概念，是指人们对某事物的期望值与其实际感知之间进行比较后得到的一种心理感受。农户的满意度测评，强调"以人为本"理念，即以满足公众的合理需求为最终评价标准，这不仅符合公共政策评估的发展趋势，同时也是拓宽公众参与渠道、建设服务型政府的客观需要，因而成为公共政策绩效评估的有效测评工具。也有学者指出，满意度评价主要源自农户的认知和感受，属于主观范畴。再考虑到当前我国正处于社会转型期，各种矛盾和冲突的集聚容易导致公众对政府的满意度评价存在自动走低的"骨牌效应"。

在农村沼气发展的农户满意度这一评价体系中，农户满意度是最终所求的目标变量，农户满意度水平由农户期望、农户感知质量、农户感知效果、农户抱怨和农户忠诚五个结构变量的测评所决定。其中农户期望、农户感知质量、农户感知效果是农户满意度的原因变量，直接决定农户对农村沼气发展的满意程度，而农户抱怨和农户忠诚是农户满意度的结果变量。如果农户抱怨能够得到政府的妥善解决，将有利于农户满意度的提升，随着农户满意度达到最高点时，即可实现农户的忠诚（见图 6-8），从而实现农村沼气的可持续发展。

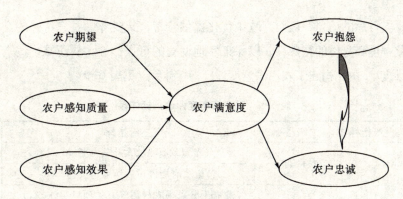

图 6-8　农户满意度结构模型

6.3.2　农户满意度指标体系的构建

在以往的研究中，大部分研究者只设计了"总体满意度"这一个变量来获取农户对政府提供的某种公共产品或服务的总体评价。这种做法虽然可以降低问卷调查的难度，但不能更全面具体地反映农户对公共产品的满意情况。公共产品或者服务是一个由多个元素、多个环节集合而成的复杂系统组合，农户从总体上满意的评价结果也可能包含对某个具体环节的不满意。因此，为了能够全面了解农户对农村沼气发展的满意度，从农户视角对农村沼气发展绩效进行全面评价。本书在借鉴国内外成熟的满意度测评理论构架基础上，充分考虑农村沼气的发展特点，最终确定了 5 组变量，包括参与农村沼气建设农户的期望、参与农户对农村沼气有关项目实施的感知质量、参与建池农户的感知效果、参与农户的抱怨和参与农户对农村沼气发展的忠诚。

农村沼气发展效果评价是一个复杂系统，在农户满意度指标体系设计中。首先应尽可能全面且能有效涵盖影响农村沼气有关项目实施效果的所有方面；其次，尽量兼顾科学性与信息收集的便利性原则，既要如实反映农户对农村沼气发展的态度和看法，为政策制定者提供

103

真实可靠的信息，从而为政策优化提供参考，又要考虑农户特殊的文化程度和身份的特殊性，以保证实地调查的可操作性，从而减少调查难度。由此构建了农户满意度评价指标体系（见表 6-9）。

表 6-9　农户满意度评价指标体系

一级指标	二级指标	三级指标
农户满意度指标体系	农户期望	希望政府能加大补贴力度(X_1)
		希望政府能提供后续服务支持(X_2)
	农户感知质量	政府十分重视农村沼气有关项目实施(X_3)
		政府积极宣传发展农村沼气重要性(X_4)
		施工人员都能持证上岗(X_5)
		管线灶具安装比较科学(X_6)
		补贴标准比较满意(X_7)
		补贴发放方式比较满意(X_8)
		沼气配套设备质量比较放心(X_9)
		对沼气服务网点服务比较满意(X_{10})
	农户感知效果	因沼气使用节约了燃料费(X_{11})
		因沼气使用增加了收入(X_{12})
		因沼气使用减少了做饭时间(X_{13})
		因沼气使用提高了农产品质量(X_{14})
		因沼气使用改善了家庭卫生(X_{15})
		发展农村沼气可以改善农村环境(X_{16})
	农户抱怨	项目村选择(X_{17})
		村务公示(X_{18})
		周边有沼气服务网点(X_{19})
		有沼气服务人员的联系方式(X_{20})
		没有听说过大回访或入户检查制度(X_{21})
		看不懂沼气使用手册(X_{22})
	农户忠诚	愿意继续使用沼气(X_{23})
		十分看好农村沼气发展前景(X_{24})

6.3.3 农户满意度的测算方法

本书采用加权平均法对农户满意度进行计算，具体公式为：

$$FSI = \sum_{i=1}^{n} W_i Z_i$$

其中，FSI 为农户满意度；W_i 为第 i 个满意度测评指标的权重；Z_i 为农户对第 i 个满意度测评指标的评价值。

由上式可知，要计算农户的满意度，首先要确定指标的权重。权重的确定常见的有主观赋权法和客观赋权法。本书采用客观赋权法中的变异系数法来进行权重的确定。详细计算公式如下：

变异系数为： $V_i = \dfrac{\sigma_i}{\overline{X}_i}$ $(i = 1, 2, \cdots, n)$

其中，σ_i 为第 i 项指标的标准差；$\overline{X}_i$ 为第 i 项指标的均值。

各指标权重则为： $W_i = \dfrac{V_i}{\sum\limits_{i=1}^{n} V}$

6.3.4 农户满意度的评价结果

根据农户满意度的测算方法，可以计算出农村沼气发展的农户满意度水平。结果显示，农户满意度指数为 3.132 3（见表 6-10），换算成百分制后约 62.65%，农户评价总体上看趋于正面，说明农村沼气发展得到了大多数农户的认可，但满意度水平不高。具体而言：

105

表 6-10　农户满意度的评价结果

评价指标	均值	标准差	权重	分值
希望政府能加大补贴力度(X_1)	4.60	0.617 0	0.020 6	0.094 6
希望政府能提供后续服务支持(X_2)	4.71	0.533 0	0.017 3	0.081 7
政府十分重视农村沼气有关项目实施(X_3)	3.84	0.756 0	0.030 2	0.115 9
政府积极宣传发展农村沼气重要性(X_4)	3.89	0.688 0	0.027 1	0.105 5
施工人员都能持证上岗(X_5)	3.38	0.828 0	0.037 6	0.126 9
管线灶具安装比较科学(X_6)	3.20	0.908 0	0.043 5	0.139 2
补贴标准比较满意(X_7)	2.48	0.814 0	0.050 3	0.124 8
补贴发放方式比较满意(X_8)	2.85	1.068 0	0.057 4	0.163 7
沼气配套设备质量比较放心(X_9)	2.94	0.869 0	0.045 3	0.133 2
对沼气服务网点服务比较满意(X_{10})	2.43	0.990 0	0.062 5	0.151 8
因沼气使用节约了燃料费(X_{11})	4.33	0.648 0	0.022 9	0.099 3
因沼气使用增加了收入(X_{12})	3.42	0.731 0	0.032 8	0.112 1
因沼气使用减少了做饭时间(X_{13})	4.33	0.651 0	0.023 0	0.099 8
因沼气使用提高了农产品质量(X_{14})	3.36	0.751 0	0.034 3	0.115 1
因沼气使用改善了家庭卫生(X_{15})	4.12	0.609 0	0.022 7	0.093 4
发展农村沼气可以改善农村环境(X_{16})	4.06	0.746 0	0.028 2	0.114 4
项目村选择(X_{17})	2.98	0.832 0	0.042 8	0.127 5
村务公示(X_{18})	2.84	0.836 0	0.045 1	0.128 2
周边有沼气服务网点(X_{19})	2.89	1.359 0	0.072 1	0.208 3
有沼气服务人员的联系方式(X_{20})	2.55	1.311 0	0.078 8	0.201 0
没有听说过大回访或入户检查制度(X_{21})	2.15	1.020 0	0.072 7	0.156 4
看不懂沼气使用手册(X_{22})	2.96	1.114 0	0.057 7	0.170 8
愿意继续使用沼气(X_{23})	4.52	0.716 0	0.024 3	0.109 8
十分看好农村沼气发展前景(X_{24})	3.13	1.039 0	0.050 9	0.159 3
农户满意度(FSI)				3.132 3

6.3.4.1　农户期望

在农户期望方面，从调查情况看，农户对农村沼气发展的政策期望比较高，尤其是提高建池补贴标准和加大后续服务扶持力度方面，其得分率分别达到了 92% 和 94.2%。 说明现阶段农村沼气发展仍然处于以政府投资为主导的特殊时期，作为一项带有公共产品特征的农村基础设施项目，政府理应承担更多的责任。

6.3.4.2　农户感知质量

在农户感知质量方面，政府在有关农村沼气项目实施前期的宣传和重视程度基本得到了农户的认可，而在项目实施过程中诸如施工人员是否能持证上岗、管线安装是否科学方面还有待规范。 尤其是补贴标准、补贴发放方式以及沼气配套设备质量和对服务网点服务得分率都在 60% 以下，说明农村沼气发展的政策供给与农户需求还存在一定差异，农户感知质量普遍偏低。

6.3.4.3　农户感知效果

在农户感知效果方面，农村沼气发展在节约做饭时间、改善家庭卫生条件和农村环境方面成效显著，得分率都在 80% 以上。 而对于农民收入增加和农产品质量提高方面，农户感知效果不太明显，得分率分别为 68.4% 和 67.2%。 一般来讲，农民收入主要是依靠家庭经营性收入、工资性收入以及转移性收入等来源。 农村沼气发展一方面通过政府对建池环节的补贴增加了农民的转移性收入，但相比较农户建池支出而言，农户很难感受到增收效果；另一方面，建池农户通过对沼气的使用还可以节约生活能源开销。鉴于农村生活能源消费普遍偏低，感知效果不太明显，唯有通过沼液沼渣的综合利用，提升农产品质量，带动特色种养业的发展，从而增加家庭经营性收入比重，农户才能切实感受到农村沼气发展所带来的经济效益。这也说明农村沼气有关项目实施效果还有待挖掘，还有进一步提升的空间。

6.3.4.4　农户抱怨

在农户抱怨方面，农户普遍反映项目村的选择不太合理。从调查走访情况得知，部分地区在项目村和项目农户的选择上人为因素比较大，而且由于是分批推进，不同年份补贴标准不一，再加上农村沼气国债项目补助标准与其他农村沼气发展项目补贴标准存在差异，因而导致部分农户意见比较大。在村务公示方面，虽然政府相关规定有所要求，在项目实施前必须在村务公开栏张贴告示，其公示内容包括对项目建设的目的、原则、条件、内容和标准、计划任务、资金补助标准与使用范围、物资采购政策与价格、举报电话、确定的自愿申请项目农户名单等；待项目建设全面完成以后，也要对参与建设的项目农户名单、农户获得的资金补助、有关物资的分配情况以及项目的完成时间等内容进行公示。但部分地区没能按照有关程序进行，导致农户与政府之间存在信息不对称，从而影响农户对政府的信任度。在后续服务方面，部分农户对农村沼气服务网点和服务人员情况不了解，导致农村沼气池在使用过程中出现问题时农户找不到维护人员或者维修不及时等，从而发生弃置行为。 此外，虽然在建池时政府统一发放了沼气使用手册，鉴于农户受教育程度普遍偏低，部分农户反映看不懂沼气使用手册，沼气安全使用须知等宣传资料也被农户搁置或随意丢弃，没能起到应有的普及宣传效果。

6.3.4.5　农户忠诚

在农户是否愿意继续使用沼气和是否看好农村沼气发展前景方面，得分率分别为90.4%和62.6%。 在与农户的深度访谈中得知，农村沼气由于其经济性和便利性，大部分建池农户愿意继续使用沼气，但部分农户鉴于农村沼气发展面临原材料制约和商品能源的替代，对农村沼气未来的发展前景表示担忧。 因而农村沼气要想实现可持续发展，需切实考虑农户的利益诉求，提高农户的满意度，这对于提升建池农户的忠诚度十分必要。

6.4　本章小结

本章主要结合农户调查实际，在借鉴国内外成熟的满意度测评理论构架基础上，充分考虑农村沼气发展特点，从农户作为农村沼气有关政策实施的直接受益者即"顾客"视角，选择了农户期望、农户感知质量、农户感知效果、农户抱怨和农户忠诚五个维度对农村沼气发展的农户满意度进行评价。 结果显示，农户满意度指数为

3.132 3，折合百分制后约 62.65%，农户满意度评价总体上看趋于正面，说明农村沼气发展得到了大多数农户的认可，但在政策供给方面仍有较大的改进和提升空间。

7 农村沼气可持续发展的影响因素分析

农村沼气要实现可持续发展，既受外部环境的制约，同时也受参与主体行为的影响。因此，本章立足于新时期农村沼气发展面临的机遇和挑战，结合相关利益主体的行为分析以及实地调研数据，对影响农村沼气可持续发展的因素进行探讨。

7.1 新时期农村沼气发展面临的机遇和挑战

7.1.1 乡村振兴战略的提出为农村沼气发展带来新契机

党的十八大报告明确提出，要大力推进生态文明，努力建设美丽中国；党的十九大报告把乡村振兴战略提上工作日程。四川省委、省政府印发的《四川省乡村振兴战略规划（2018—2022 年）》《四川省农村人居环境整治三年行动实施方案》《"美丽四川·宜居乡村"推进方案（2018—2020 年）》，提出到 2020 年，实现全省畜禽粪污综合利用率达 75%以上，规模养殖场粪污处理设施装备配套率达 95%以上，秸秆综合利用率达 90%以上；力争实现 90%以上行政村生活垃圾得到有效处理，50%以上的行政村生活污水得到有效处理，卫生厕所普及率达 85% 以上，全省建成"美丽四川·宜居乡村"达标村 2.5 万个。

为此，四川可以以此为契机，通过集成推广农村沼气、省柴节煤灶、高效低排放的生物质炉、太阳能热水器、太阳灶、小型风电等技术和产品，增加农村地区的清洁能源供应。 实施农村清洁工程，推进人畜粪便、生活垃圾、污水等农村废弃物的资源化利用，探索农村废弃物等资源化利用的新型农村经济模式。 因地制宜将小型沼气集中供气工程、生活污水净化沼气工程等农村能源设施纳入美丽乡村建设，多渠道争取项目资金支持，以推动农村沼气可持续发展。

7.1.2 农村节能减排为农村沼气发展提供了平台

为了实现"十二五"提出的单位 GDP 能耗下降 16%、碳强度下降 17% 的目标，我国正在转变发展方式、调整经济结构，全面推进节能减排工作。 国家发展和改革委员会颁布的《单位 GDP 能耗考核体系实施方案》也明确提出，要对各省级人民政府实行节能减排一票否决制和问责制。 尤其是 2013 年以来，我国 1/4 地区出现雾霾现象，受影响的人口达 6 亿人，随着社会公众对 PM2.5 的广泛关注，2014 年的政府工作报告也正式拉开了"向雾霾宣战"的序幕。农村要实现节能减排，改变农业的生产方式和农民的生活方式十分关键。 在联合国政府间气候变化专门委员会（Intergovernmental Panel on Climate Change, IPCC）的排放清单中，农业也是温室气体排放的主要来源（如图 7-1 所示）。 据测算，我国农业温室气体总排放量大约占全国排放量的 17% 左右，农业源排放的 CO_2 和 CH_4 分别占人为温室气体排放量的 21%~25% 和 57%。 农村沼气的发展不仅可以改变农村的传统用能结构，替代煤炭、薪柴和秸秆等从而减少温室气体的排放，还可以用农业废弃物生产沼气来带动生态循环农业的发展，有助于农村领域的节能减排，这必将为农村沼气可持续发展带来难得的机遇。

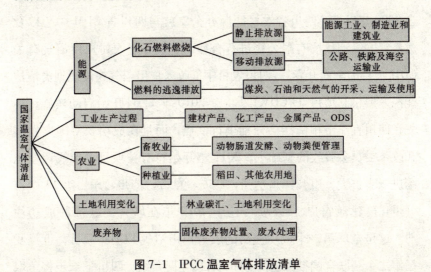

图 7-1 IPCC 温室气体排放清单

7.1.3 CDM 成功试点为农村沼气可持续发展提供了示范效应

近年来，四川充分把握低碳经济的发展机遇，主动与发达国家进行联系，积极通过清洁发展机制（CDM）①，将农村沼气发展所带来的节能减排效益进行捆绑出售。 目前，四川地震重灾区的什邡市

---

① 清洁发展机制（CDM）是发达国家缔约方为实现其部分温室气体减排义务与发展中国家缔约方进行项目合作的机制。其核心是允许发达国家通过与发展中国家进行项目级的合作，获得由项目产生的"核证的温室气体减排量"。

和绵竹市的 1.7 万口沼气池，已经以每口沼气池两个碳信用的价格打捆销售给了挪威的能源部。 遂宁、资阳、泸州、宜宾、达州以及广安 6 市的 20 万口农村户用沼气池也进行打捆申报 CDM 项目，并已与芬兰政府达成有关意向性的协议。 预计两项交易每年可以获取约 2 000 多万元的 CO_2 减排收益，将使 75 万农民直接受益。 此外，自 2009 年以来，四川省农村能源办公室就与四川省 CDM 中心以及成都智联绿洲科技有限公司进行合作，有效开展农村户用沼气有关 CDM 项目的全面开发。 四川农村中低收入户用沼气建设规划类清洁能源发展机制项目（PCDM） [1] 也于 2010 年 11 月开始启动实施，首先在四川宜宾市和南江县分别进行试点，而且在成功获得国家发展和改革委员会验收的基础上，2011 年开始将有关项目基准线调查范围进一步扩大，惠及四川达州、广安、自贡、泸州、乐山等 13 个市（州）已建池农户。 该项目已于 2012 年在联合国获准并成功注册，这是全球第一个成功注册的农村户用沼气 PCDM 项目，也是我国第二个获联合国批准的 PCDM 项目。 据介绍，四川下一步将争取把全省 2010—2015 年规划建设的所有农村沼气用户合计约 180 万口农村沼气池全部纳入 CDM 项目进行开发，预计全部交易可以产生 30 多亿元的减排收益，平均每户每年将获得减排收益约 180 元。 CDM 项目的成功试点，不仅增加了项目区农户的收入，也为农村沼气有关项目的后续推进提供良好的示范效应。

---

[1] 规划类清洁能源发展机制项目（PCDM），是在清洁发展机制（CDM）的基础上提出的，将开发经济效益低、市场开发潜力小的单个 CDM 项目如农村户用沼气技术，以规划实施的形式，把实施主体按照规划"打包"，以形成规模效益。

7.1.4 畜禽养殖方式变化对农村沼气发展的影响

四川一直以来是全国生猪养殖大省，作为国家批准建设的唯一国家优质商品猪战略保障基地，生猪的出栏量曾经占到省际调拨的1/3、全国的1/9和全世界的1/20，历来就有"川猪安天下"的美誉。

目前，生猪的养殖模式主要可以分为农村散养和规模养殖两大类型。据有关部门统计，按照农业部户均年出栏50头以上的规模化养殖标准，自2000年以来，我国农村生猪的散养户每年正以4%~5%的速度递减，而且目前总体上呈现加速退出的发展趋势（见图7-2），2011年我国生猪规模化养殖比例达66.8%，比2003年提高38.4个百分点。2013年四川生猪规模养殖面达63%，而且根据对四川370个村的监测结果显示，全年平均养猪户与上一年相比下降了8个百分点，大约占总户数的30.78%。

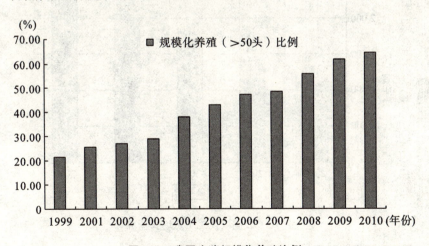

图7-2 我国生猪规模化养殖比例

中国生猪预警网最新发布数据显示，全国猪粮比价①为 4.75：1，同比下滑 12%，已经跌破行业内公认的 5：1 的重度亏损红色警戒线，自繁自养出栏生猪平均亏损约 291 元/头。据测算，养殖户的饲料成本约占养殖成本的 70%。尤其是近年来由于四川玉米、大豆等饲料粮的供需矛盾日益突出，从东北等地调运导致运输成本上涨，饲料价格上升又直接导致养殖成本的增加。考虑劳动力、水、电力、成品油、防疫、环保、用地等费用也呈上涨趋势，养殖效益面临多方挤压，再加上近年来农民工平均工资的快速增长（见图 7-3），农户生猪养殖的机会成本大大提高，极大影响了农户养殖积极性。受农村劳动力大量外出务工、新农村建设导致农户居住方式的改变等因素影响，以往农户普遍养殖 7~8 头猪的现在大多只养 1~3 头。畜禽养殖规模的减少，特别是农村散养户的退出直接导致农村沼气池的原材料短缺，极大地影响了农村沼气的可持续发展。

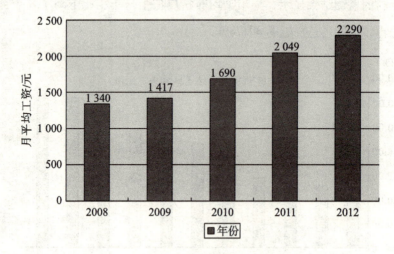

图 7-3　我国农民工工资增长情况

① 猪粮比价：指同一市场同一时间生猪收购价格与粮食收购价格之间的比例关系。

7.1.5　商品能源的替代对农村沼气发展的威胁

随着农村经济的发展、农村基础条件的改善，农民可选择的生活能源日趋多元化，能源使用的便捷性成为生活水平较高的农民选择能源的首要因素，与电、天然气等能源相比，虽然沼气的经济性占有一定优势，但由于沼气的正常使用需要农民掌握一定的技能和付出一定的劳动时间，相比其他能源便捷性不足。因此，近年来选择商品能源的农户逐年增多，这在一定程度上也影响了农村沼气的可持续发展。

7.2　影响农村沼气发展的相关利益主体行为分析

利益相关者包括那些直接参与或者使其利益受影响的个人或组织。在农村沼气发展过程中，相关利益主体主要涉及农户、村级组织、农村沼气服务网点和政府四大主体，尤其是供给主体政府和需求主体农户（如图7-4所示）。利益相关者从维护自身利益出发，其所做出的反应和行为及其相互之间的依存、制约关系对农村沼气的可持续发展产生极大影响。目前，农村沼气的发展主要依托农村沼气国债项目的实施予以推进，因此接下来主要以农村沼气国债项目实施为例进行分析。

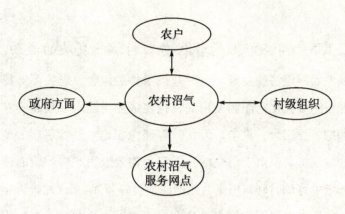

图 7-4　利益相关者示意图

7.2.1　政府方面

　　政府作为农村沼气相关政策的制定者和沼气建设资金的扶助者，其支持力度与推进力度将直接影响其他利益主体的决策行为。农村沼气国债项目的实施，事实上存在多层委托代理关系。中央政府作为农村沼气国债项目的委托人，将农村沼气国债项目的具体实施委托给地方政府，地方政府之间再层层委托，从而形成了多层委托代理关系。中央预算内投资农村沼气项目的实施，原则上要求地方结合自身实际情况配套相应资金投入农村沼气工程建设。在中央政府和地方政府的博弈中，中央政府从全局出发，注重经济效益、生态效益和社会效益，强调整个社会的可持续发展，而地方政府则侧重于眼前的经济利益。

　　假设农村沼气国债项目实施效果为 U，用 $U(X, Y)$ 来表示，如果中央政府与地方政府共同努力则带来的效果就越好，则 U 是 X 和 Y 的增函数。中央政府和地方政府投入分别表示为 $Z(X, Y)$ 和

D (X,Y) ，则总的政策绩效为：

$$TU\ (X,Y)\ =\ U\ (X,Y)\ -\ Z\ (X,Y)\ -\ D\ (X,Y)$$

地方政府与中央政府在发展农村沼气的行为目标上本就应该保持一致。 但在具体实践中，地方政府由于受客观财力和主观政绩偏好的影响可能会有两种选择，即积极配套和不积极配套。 一方面，地方政府积极执行上级所下达的任务，并给予相应的配套支持；另一方面，由于中央政府与地方政府存在信息不对称情况，地方政府就有可能选择不积极行动，因而就可能存在逆向选择和道德风险问题。

假设中央预算内投资金额为 Z，对农村沼气国债项目实施情况的监督成本为 C，地方政府配套投入资金为 D，如果不配套则将资金用于其他用途可以获得收益为 R，被检查出不实信息将受到的惩罚为 Q，被检查出的概率为 P，则中央政府与地方政府的博弈矩阵如图7-5 所示。

地方政府	中央政府	
	检查	不检查
配套	$-D+Z$, $-C-Z$	$-D$, 0
不配套	$R-QP+Z(1-P)$-$C+QP-Z(1-P)$	R, 0

图 7-5 中央政府与地方政府博弈矩阵

由于博弈双方不存在有利于农村沼气发展的纯策略纳什均衡，因而主要取决于被检查出的概率 P，也就是取决于项目的监管力度。由于农村沼气国债项目首先由中央政府进行投资决策，地方政府与中央政府属于非同步决策，中央政府与地方政府之间存在信息不对称情况。 在此情况下，由于农村沼气国债项目带有公共产品特性，在没有"强制性"政策要求的条件下，基于理性经济人假设，地方政府为了追求自身利益最大化，便不会积极付诸行动，中央政府与地方政府之间就可能产生逆向选择和道德风险问题。

7.2.2 村级组织

村级组织作为中国行政机构设置的最底端机构，也属于政府主体中多层委托代理关系链条的一环，因而同样存在委托人与代理人之间的问题，这里就不再进行阐述。 本书之所以将村级组织独立出来进行分析，主要基于其不仅要对上一级政府组织负责，同时还要直接面对农户，因为农村沼气有关政策执行主要靠村级组织进行具体落实。

村级组织作为一个连接农户、政府和农村沼气服务网点的纽带，其主要职责是正确地执行国家和上级部门关于沼气建设的相关政策，并保证农户能够及时、完整地得到政府的扶持资金。 如果村级组织可以很好地发挥其工作职能，那么对于鼓励农户加入沼气事业发展将会有积极的促进作用，与此相反，如果村级组织的执行力度不强，则会极大地制约农户的参与意愿，因此村级组织在农村沼气发展中有着十分重要的作用。

7.2.3 农村沼气服务网点

根据《全国农村沼气服务体系建设方案（试行）》的要求，农村沼气服务网点以项目村为依托，每个网点至少配备 1~2 名技术服务人员，具有为 300~500 个农村沼气农户服务的能力。 具体要求为

"六个一"，即一处服务场所、一个原料发酵贮存池、一套进出料设备（包括进出料车、真空泵、储液罐等）、一套检测设备（包括甲烷检测仪、便携式酸碱仪等）、一套维修工具（包括防爆灯、防护服、维修工具等）、一批沼气配件（包括灶具、脱硫剂、净化器、管路、三通、接头、开关、纱罩、灯罩等），做到服务有人员、有场所、有设备、有配件、有原料。按照"政府引导设施投入，农户购买管护服务"原则，农村沼气服务网点主要是为农户提供建池施工、配件更换、进出料、综合利用、日常培训等方面的服务。具体职责包括：①建池施工。为农户进行池型设计、规划放线、开挖池坑、现场浇注、管线铺设、设备安装、投料启动等服务。②进出料。根据农户需要，开展原料配送和日常出料及施用等服务。③配件更换。对辖区内沼气进行日常检查、故障诊断及排除，及时更新、更换沼气配件。④日常培训。定期对辖区内沼气农户进行沼气安全生产、高效利用、日常维护等知识的宣传培训。⑤综合利用。根据建池农户种养情况，指导开展沼渣沼液综合利用，帮助农户发展循环农业。

由此可见，农村沼气服务网点所提供的产品和服务质量直接决定了农村沼气池是否能有效运行，因而如何调动农村沼气服务网点工作人员的积极性、发挥农村沼气服务网点应有的功能、巩固农村沼气建设成果等，对农村沼气可持续发展有着关键性影响。

7.2.4　农户

农户作为农村沼气发展的直接受益者和参与者，其对农村沼气的认知程度和接受意愿对农村沼气可持续发展起决定性作用。而现行农村沼气发展事实上定位于政府给予农民的一种福利政策，在整个农村沼气有关政策执行中，农民成为政策的被动接受者，农民的"话语权"没有得到很好的体现。

从以上分析可以看出，作为理性的"经济人"，不同利益主体会做出不同的判断和选择（见表7-1），如何将政府、村级组织、农村沼气服务网点和农户等不同主体有机地连接在一起，使这四大利益主体之间形成既相互统一又相互独立的关系，是影响农村沼气可持续发展的关键。

表7-1　农村沼气发展的利益相关者分析

利益相关者	目标取向	具体行为
中央政府	保障农村能源安全；农村环境治理与保护；促进农村经济、生态、社会可持续发展	提供中央预算内资金支持；出台《农村沼气国债项目管理暂行办法》
地方政府	地方经济发展（政绩偏好）；区域环境改善；农村能源、产业结构调整	分解上级下达任务，提供配套资金支持；实施省级沼气项目
村级组织	个人政绩；群众满意	协助农村能源办公室有关工作，如项目农户选择、宣传与安全检查、财务公示等
农村沼气服务网点	维持机构正常运转；获得经济收益	提供技术指导和管护服务
农户	节支增收；改善家庭环境卫生条件	"三沼"利用

7.3　影响农村沼气可持续发展因素的定量分析

7.3.1　研究假说

农村沼气是否能实现可持续发展，既受政策自身设计和政策执行的影响，也受农户个体特征和家庭特征以及其他因素如商品能源替代的可能性等影响。因此，本书特提出以下研究假设：

（1）农户的个体特征。本书将受调查农户的性别、年龄和受教育程度作为反映其个体特征的基本指标。由于农村沼气建设带有工程建设的性质，一般男性对此更加了解，因而调查其对农村沼气的认知态度就能真实反映农户意愿。如果农户年龄较大，可能导致农村沼气建设管理困难，不利于农村沼气可持续发展。农户受教育程度越高，对农村沼气有关政策和发展沼气的好处了解越多，而且接受新事物的能力也越强，越有利于农村沼气可持续发展。

（2）农户的家庭特征。主要包括家庭收入因素、家庭劳动力人数、外出务工人数以及养殖情况等。据有关研究发现，农户的收入水平对农村沼气发展的影响主要呈现出倒"U"形的变化趋势。在农户收入处于比较低的阶段时，由于沼气的成本低且容易获得，很多农户愿意使用农村沼气。随着农户收入水平的提高，农户更倾向于选择使用煤炭、天然气等可得性和使用性都更佳便捷的商品化能源。劳动力人数及外出务工情况预期也对农村沼气发展有显著性影响。考虑规模化养殖在未来将成为我国农村畜牧业发展的必然趋势，因而畜禽养殖结构的变化对农村沼气的发展也将产生深远的影响。 近年来，畜禽散养农户逐年减少，而秸秆制取沼气技术还不成熟，养殖数量的减少将直接导致部分农户因原材料的不足而停用甚至弃用沼气池。

（3）农村沼气的项目特征。 包括建池年限、建池成本以及施工的质量以及配套产品质量情况等。 建池年限越长，废旧沼气池可能性就越大，从而降低农户对农村沼气的使用意愿。 农村沼气建设主要依靠政府补助和农户自筹资金建设。 农村沼气国债项目中央补助标准偏低，农户自筹压力大，从而影响待建农户参与农村沼气发展的积极性。 建池质量、管道安装是否科学、配套产品质量是否满意也会影响农村沼气可持续发展。

（4）政策特征。 具体包括各级政府对农村沼气发展的重视程度、农户对国家有关农村沼气发展方面的补贴标准以及补贴方式的满意程度等。 如果农村沼气发展能得到地方政府的积极重视和配套支持，则项目实施效果会更理想。 农户对补贴政策是否满意也会影响待建农户参与农村沼气发展的积极性。

（5）其他方面的因素。 一方面，后续服务的有效性直接影响农村沼气发展的可持续性。 长期以来，部分地方政府为了完成上级分解的任务，片面追求建池的数量，存在"重建设轻管理"的现象。近年来，虽然国家意识到农村沼气后续管理和服务的重要性，加大了对农村沼气服务网点的投资力度，但由于农村沼气发展的后续服务体系不健全，懂沼气池维修的专业技术人员缺乏，部分农村沼气设备以及零配件出现问题后难以得到及时更换，导致大量农村沼气池的使用效率不高，从而严重挫伤了农户参与农村沼气发展的积极性。 另一方面，商品能源的替代，尤其是部分农村近郊地区天然气管道的安装，也为农户对沼气的使用意愿带来不利的影响。

7.3.2　变量选择

根据以上分析，可以将影响农村沼气可持续发展因素设定为以下函数表现形式：

$Y=f$（个体特征变量，家庭特征变量，项目特征，政策特征，其他因素）+ 随机扰动项

本书结合实地调查情况，主要选择了 17 个变量（见表 7-2），通过这些变量拟对影响农村沼气可持续发展因素进行解释，从而为农村沼气可持续发展提供决策参考。

表 7-2　变量的选择及定义

变量	指标	取值	定义
个体特征	性别(X_1)	0-1	0=男,1=女
	年龄(X_2)	0-3	30 岁以下=0,30-45 岁=1,45-60 岁=2,60 岁以上=3
	受教育程度(X_3)	0-3	小学及以下=0;初中=1;高中=2;大专及以上=3
家庭特征	家庭劳动力人数(X_4)	具体值	调查数据
	外出务工人数(X_5)	具体值	调查数据
	家庭平均年收入(X_6)	具体值	调查数据
	牲畜存栏量(X_7)	具体值	调查数据
项目特征	建池年限(X_8)	具体值	调查数据
	建池成本(X_9)	具体值	调查数据
	项目施工满意度(X_{10})	0-1	不满意=0,满意=1
	配套设备质量满意度(X_{11})	0-1	不满意=0,满意=1
政策特征	政府重视程度(X_{12})	0-1	不重视=0,重视=1
	补贴标准的满意度(X_{13})	0-1	不满意=0,满意=1
	补贴发放方式的满意度(X_{14})	0-1	不满意=0,满意=1
其他	服务网点情况(X_{15})	0-1	没有=0,有=1
	后续服务的满意度(X_{16})	0-1	不满意=0,满意=1
	是否安装天然气(X_{17})	0-1	没有=0,有=1

7.3.3 分析方法

由于本书因变量取值只有两个, 属于二分变量, 故本书可以采用二元 Logistic 模型进行分析。 Logit 模型中的变量之间的关系服从 Logistic 的函数分布, 而 Logistic 能有效地将回归变量的值域范围限定在 0~1 之间, 所以 Logit 模型的因变量取值分布也限定在 0~1 之间。 设 $y=1$ 的概率为 P, 要计算因变量为 1 的概率 P: $P(y_i = 0 \mid x_i, \beta) = F(-x'_i \beta)$。 由此, 可以采用极大似然估计法对模型的参数进行估计, 具体可以表达为:

$$l(\beta) = \log L(\beta) = \sum_{i=0}^{n} \{ y_i \log[1 - F(-x'_i \beta)] + (1 - y_i) \log F(-x'_i \beta) \}$$

由于 Logit 模型服从 Logistic 分布, 即:

$$Pr(y_t = 1 \mid x_t) = \frac{e^{x\beta}}{1 + e^{x\beta}}$$

Logit 模型的一般形式如下:

$$P_i = G\left(\alpha + \sum_{j=1}^{m} \beta_j X_{ij}\right) = \frac{1}{1 + \exp\left[-\left(\alpha + \sum_{j=1}^{m} \beta_j X_{ij}\right)\right]}$$

7.3.4 模型估计

本书采用 SPSS 统计分析软件对表 7-2 所选择的变量进行 Logit 模型估计。 详细结果如表 7-3 所示。

表 7-3　模型估计结果

变量	回归系数（B）	标准差（SE）	沃尔德（Wald）	自由度	系数显著性（Sig.）	B 指数
性别（X_1）	1.009	0.625	2.611	1	0.106	0.365
年龄（X_2）	-0.022	0.035	0.385	1	0.535	1.022
文化程度（X_3）	-0.769	0.493	2.439	1	0.118	2.158
家庭劳动力人数（X_4）	0.471	0.445	1.122	1	0.289	0.624
外出务工人数（X_5）	-0.766*	0.406	3.556	1	0.059	2.152
家庭平均年收入（X_6）	0.000	0.000	0.058	1	0.810	1.000
牲畜存栏量（X_7）	0.068**	0.032	4.635	1	0.031	1.071
建池年限（X_8）	-0.044	0.073	0.364	1	0.546	1.045
建池成本（X_9）	-0.000*	0.000	3.045	1	0.081	1.000
项目施工满意度（X_{10}）	0.770**	0.305	6.381	1	0.012	0.463
配套设备满意度（X_{11}）	0.285	0.318	0.808	1	0.369	1.330
政府重视程度（X_{12}）	1.652***	0.390	17.961	1	0.000	0.192
补贴标准满意度（X_{13}）	2.023***	0.485	17.414	1	0.000	0.132
补贴方式满意度（X_{14}）	0.725**	0.290	6.231	1	0.013	0.485
服务网点情况（X_{15}）	0.331	0.291	1.299	1	0.254	1.393
后续服务满意度（X_{16}）	0.101	0.405	0.062	1	0.803	1.106
是否安装天然气（X_{17}）	-0.249	0.282	0.781	1	0.377	0.779

注：*、**、***分别表示在 10%、5%和 1%水平显著。

7.3.5　结果分析

从分析结果可以看出，外出务工人数（X_5）、牲畜存栏量（X_7）、建池成本（X_9）、项目施工满意度（X_{10}）、政府重视程度（X_{12}）、补贴标准满意度（X_{13}）、补贴发放方式的满意度（X_{14}）这七项变量通过了显著性检验，但部分变量与预期有所不同,比如家庭收入、农户个体特征等变量影响不显著。

从显著性差异看,影响农村沼气可持续发展最主要的因素是补贴标准 (X_{13})、政府重视程度 (X_{12});其次是项目施工的满意度 (X_{10})、补贴发放方式 (X_{14})、牲畜存栏量 (X_7);最后是外出务工人数 (X_5)、建池成本 (X_9)。

根据前面的研究假说和模型估计,可以对影响农村沼气可持续发展的因素做进一步分析:

(1) 政府重视程度对农村沼气可持续发展在 1%水平有显著的正向影响。 农村沼气有关项目的实施具体由地方政府来进行,但地方政府基于财力有限和其他因素的考虑,往往会出现"政府失灵"。而村级组织拥有决定谁是项目村和项目农户的选择权,如何选取项目实施的农户,对于农村沼气项目的顺利实施也十分关键。 如果所选择的项目农户能够通过农村沼气的使用起到很好的示范效果,那么,这部分农户在一定程度上会对其他农户决策行为产生积极影响。 因此,政府重视程度对农村沼气可持续发展有着积极的影响。

(2) 农户对补贴标准和补贴发放方式、项目施工的满意度对农村沼气可持续发展有显著的正向影响。 调查显示,大部分农户对现行补贴标准不满意,认为补贴标准不足建池成本的 50%,政府应加大补贴力度,尤其是对自筹压力大、建池意愿强烈的农户应予以更多的补贴。 在补贴发放方式上,大部分农户希望能将政府补贴全部补给农户,由农户自主选择施工人员,自主谈判工钱,自主选择灶具等相关产品购买品牌和价格。 在施工方面,虽然政府加强了对施工人员的行业规范,但由于缺乏监管,部分地区由于施工人员素质参差不齐导致施工质量不高、管线安装不科学,从而影响了农村沼气池的产气质量。 因而对农村沼气发展未来的政策调整应考虑如何提高农户对补贴标准、补贴发放方式以及项目施工的满意度。

(3) 牲畜存栏量对农村沼气可持续发展在5%水平影响显著,符合预期。 农户养殖情况直接关系农村沼气池的原材料来源是否充足的问题。 调查发现,随着部分地区散户养殖规模的缩减,原材料不足从而导致农村沼气池的使用率不高。 有的地区由于养殖业比较发达,但因为沼气池容量有限,以致农户原材料过剩甚至出现畜禽粪便无法及时处理而乱排问题。 因而如何结合农户畜禽养殖变化,合理调剂不同农户之间的原材料余缺,是农村沼气可持续发展必须要考虑的问题。

(4) 外出务工人数对农村沼气可持续发展在10%水平有显著的负向影响。 家庭外出务工人数越多,意味着家里可能只剩下老弱妇孺,导致农村沼气池修建和管理的劳动力缺乏。 同时随着外出务工家庭的工资性收入的提高,也意味着这部分家庭越有条件选择其他更加方便的商品能源。 因此,家庭外出务工人口比例越高,参与农村沼气发展积极性就越低,越不利于农村沼气可持续发展。

(5) 建池成本指标在10%水平下显著,且回归系数为负,说明建池成本越高,农户参与农村沼气发展意愿就越低。 农户的建池成本根据不同的建池时间、不同的地区有很大差异。 目前农村沼气发展进入攻坚时期,随着农村沼气有关项目的继续推进,待建的地区主要是山区、边远贫困地区,这些地区由于交通不便,导致农户建池成本比较高。 因此,如何结合不同地区农户建池成本差异予以相应政策扶持,也是农村沼气有关政策调整应考虑的因素。

(6) 建池年限对农村沼气可持续发展呈负向影响。 一般而言,农户沼气池建成时间越久，可能面临的问题就越多。调查发现，部分地区沼气池由于管理不善、设备故障未能得到及时维修，导致病旧池增多甚至弃置行为发生，从而造成农村沼气的使用效率低下。因此，针对建池年限越长的项目农户所面临的问题，政府应加大后续管护补贴力度，以提高农户继续使用农村沼气的忠诚度。

7.4 本章小结

本章首先从外因和内因两个方面分析了影响农村沼气可持续发展的因素，然后结合实地调查情况，对影响农村沼气可持续发展的因素进行了定量分析。结果显示，影响农村沼气可持续发展最主要的因素是外出务工人数（X_5）、牲畜存栏量（X_7）、建池成本（X_9）、项目施工满意度（X_{10}）、政府重视程度（X_{12}）、补贴标准满意度（X_{13}）和补贴发放方式的满意度（X_{14}）。

8 农村沼气可持续发展的典型案例

8.1 四川农村沼气发展的典型案例

8.1.1 泸州市:"猪-沼-高粱"模式

泸州高粱是酿造国家名酒"泸州老窖""古蔺郎酒"的最佳原料,有机糯红高粱是打造和提升"国窖1573"的主体原料,受从北方调进酿酒原料的运输成本上涨以及全国高粱供应紧张因素的影响,围绕"泸州老窖""古蔺郎酒"两大龙头企业对有机原料的需求,政府决定建设红高粱基地。 泸州市适宜种植高粱的耕地面积有80万亩(1亩=0.000 666 7平方千米),依托财政部有机高粱建设项目,政府选择了部分条件较好的乡镇开展有机高粱核心示范区建设。 为鼓励粮农大力发展农村沼气,为基地提供大量优质且符合有机红粮生产的肥料,核心示范区种植农户修建沼气池,酿酒企业给予农户建池补贴为300~500元/口。 对基地无公害高粱种植农户实行最低保护价收购政策,对核心区原粮及有机认证产品的收购价格分别提高10%、50%的方式"二次补贴"政策;对核心区和有机认证区签订合同的农户实行种子补贴。 为了保证原料品质,全部使用

131

沼气液、植物油饼等有机肥料，对超高端酒生产需要的高粱种植，还需进行摄像监控。

为了充分调动农户生产积极性，由酿酒企业或者粮食企业负责与农民签订高粱种植订单，具体采用两种运作模式：一是采用"酿酒企业+基地+协会+农户"的运作模式，酿酒企业与基地乡镇（农户）签订种植订单，由酿酒企业直接收购或委托粮食经营企业代购代贮；二是采用"粮食企业+基地+协会+农户"的运作模式。由粮食企业根据酿酒企业签订的高粱需要量，与基地乡镇（农户）签订种植订单，粮食企业直接收购。

据农户测算，优质杂交高粱头季亩产约 250 千克，再生二季约 180 千克，按普通高粱市场价格每千克 5.6 元计算，高粱种植收入为 2 400 元左右，高粱扫帚和高粱秆每亩能卖 300 余元，一亩的总收入可达 2 700 元左右。如果按照 2013 年当地有机高粱价格计算，一级价格为 9 元/千克，二级为 8 元/千克，三级为 7 元/千克，"猪-沼-高粱"模式增收效果更加明显。

8.1.2 乐山市："猪-沼-花（茶）"模式

茉莉花和茉莉花茶是乐山市犍为县的特色产业。目前，犍为县优质茉莉花基地已有 5.1 万亩，鲜花年产量达 2 万吨，规模和产量居全国第二、西南第一，与广西横县、福建政和、云南元江并称全国四大茉莉花基地。犍为茉莉花是四川茶企加工高档茉莉花茶的主要来源，省内 70% 以上的高档花茶原料来自犍为，先后建成 150 家茉莉花茶加工企业，其年综合产值达 5 亿多元。犍为茉莉花被国家质检总局授予"国家地理标志保护产品"称号，被中国茶叶流通协会命名为"中国茉莉之乡"，犍为茉莉花茶品牌价值已达 6.65 亿元。

清溪镇位于犍为县城西南 10 千米，境内地势平缓，属四川盆地湿润性亚热带气候区，年平均气温为 17.7℃，土壤呈微酸性，年平均降雨量为 1 187 毫米，年平均日照为 1 040.4 小时，特别适宜茉莉花的生长。"茉莉名佳花亦佳，远从佛国到中华"，清溪镇从 20 世纪 50 年代起开始种植茉莉花。清溪茉莉花具有朵大、瓣厚、纯白、香浓的特点，品质优于省外茉莉鲜花，是加工中、高档茉莉花的优质原料。所加工的"清茗香""碧潭飘雪"等产品，被评为省优、部优产品和群众喜爱产品。犍为清溪秋月茉莉花种植开发有限公司是全省唯一的茉莉花种植开发企业，在清溪镇规范建设 1 500 亩（1 亩 ＝0.000 666 7 平方千米）生态茉莉花种植基地，基地被评定为"国家科普示范基地"，公司发起建立的茉莉花协会被中国科协评定为"全国 1000 强农技协会"。

一般来说，茉莉花种植当年就可以见效，三年进入盛产期，亩产 300~400 千克，按近年市场均价 20 元/千克计算，亩产值可达 6 000~8 000 元。除去摘花人工费 2 400~3 200 元/亩、日常管理人工费 960 元/亩、化肥农药 306 元/亩，每亩纯收入约 2 300~3 500 元。茉莉花种植的经济效益是种植水稻的 2~4 倍以上，当地政府还出台了对茉莉花产业的扶持政策，对新发展的茉莉花基地每亩补助 300 元，农民种植积极性高。按规划，10 万亩（1 亩 ＝0.000 666 7 平方千米）茉莉花基地建成投产后，平均亩产花量 300 千克，每人每天摘花 10 千克计算，可提供 300 万个工日的岗位，不仅解决了劳动力就地转移问题，还可以增加农民的务工收入。犍为从事茉莉花产业农民有 10 万余人,年人均纯收入为 0.8 万元。 茉莉花茶已成为全县广大花农、茶农经济收入的主要来源。 如成功开发出小型茉莉花盆景,积极发展以"赏茉莉鲜花、品茉莉花茶"为主题的农家乐休闲旅游等。"以花引茶、以茶促花"的模式已基本形成,实现了"新村带产业、产业促新村、产村互动共融"的目标。

按"公司+基地+协会+科研院所+农户"的模式,推进"生猪-沼-花(茶)"产业的发展,坚持种养结合,既增加了花农的收入,又解决了茉莉花种植基地的有机肥源问题,减少了农业面源污染,有利于保护生态环境。

8.1.3 凉山彝族自治州:沼气助力脱贫[①]

凉山彝族自治州通过深入实施"一池三改"农村基础设施建设工程,建设新村集中供气、大型沼气和户用沼气,推动贫困户改圈舍、改厕所、改厨房,实现圈舍硬化、厕所净化、厨房亮化。 改圈要求圈舍要与沼气池相连,改厕要求厕所与圈舍一体建设,与沼气池相连,改厨要求厨房内炉灶、橱柜、水池等布局要合理,室内灶台砖垒、台面贴瓷砖、地面要硬化,从而使贫困户生产生活用房分区合理。 在凉山彝族自治州,凡是建了沼气池的地方都告别了人畜混居的落后习俗,改变了农村圈厕粪水横流、臭气熏天、苍蝇蚊子到处飞的状况。 同时,由于是厌氧发酵,人畜粪便、污水、秸秆等废弃物,在密封的发酵池内与空气隔绝几个月,可以杀死绝大部分病菌和寄生虫,农村沼气发展还有效防控了疾病的传播。

---

① 资料来源:凉山州农村能源办公室,http://www.scnn.cn/chuanzhen/201811/2075.html,
2018-11-13。

对单户贫困户采取建设户用沼气、发展农村庭院经济、以户为单位在自己庭院周围因地制宜发展庭院种植、养殖等方式。 对移民集中安置点的贫困户，采取建设大型沼气集中供气、发展"小型养殖场+集中供气沼气工程+种植示范园"的村集体经济、发展"大型养殖场+大型沼气工程+产业园区"的现代农业产业园经济、打造种养循环示范基地等方式。 喜德县依托移民安置点，发展的"小型养殖场+集中供气沼气工程+种植示范园"村集体经济，形成了业主、农户、村集体较稳定的利益链接机制，业主减压力、农户得实惠（免费用气）、村集体可增收（预计 2 万元/年），拓宽了集体经济增收渠道，为增强民族地区村集体经济活力提供了典范。

2017 年凉山农村能源建设扶贫专项工作，共完成新村集中供气项目 5 处、共计投入项目资金 234.60 万元（省级项目资金 184.60 万元，州级配套 50 万元）；新建"民族地区户用沼气项目"1 585 口，配套新农村彝家新寨改厨、改厕、改圈，共计投入项目资金 476.5 万元（省级项目资金 317 万元，州级配套资金 89.25 万元，县级配套 69.25 万元）；新建规模化大型沼气工程 4 处，项目总投资 1 703 万元（中央预算内投资 600 万元，地方投资 45 万元，企业自有投资 1 058 万元）。

2015 年以来，凉山彝族自治州农村沼气发展结合新村集中聚居点建设、异地移民扶贫搬迁，在 7 个移民新居、30 个异地移民搬迁户，建设集中供气工程 7 处，户用沼气 1 982 口，改厨、改厕、改圈 1 982 户。 通过发展农村清洁能源，倡导种养循环经济，让绿色可持续发展理念深入基层；通过政府投入，引导农户投工投劳，不再由政府主导和包办，杜绝农户"等、靠、要"的旧思维，激发贫困户内生动力。

8.1.4 德阳市:沼气管护服务①

为进一步巩固农村沼气建设成果、提高户用沼气使用率,旌阳区通过加大政府补贴力度、实施三大服务模式、推广沼气池综合保险、开展技术合作等措施,有效地提高了沼气池后续管理服务水平和正常使用率,使沼气用户得到了专业、稳定、高效的服务。德阳市旌阳区户用沼气池保有量已达 5.22 万口,沼气池正常使用率高达92%,远超全国和四川省平均水平。

一是为保障后续服务水平,稳定技工队伍,区财政设立专项补助资金,针对户用沼气服务网点运营困难、服务对象分散、用户购买服务意识不强等问题,对服务车辆的保险和正常维护每车补助5 000 元/年,对从事农村沼气后续服务的技术员补助 600 元/年,每服务 1 口沼气池再补助 10 元/年。二是因地制宜实施"三大服务模式",分别为缴纳较低会费享受全年基本服务的"日常模式"、按照实际服务内容收费的"菜单模式"以及具有托管性质的"保姆模式",所有服务项目和收费标准均纳入村务公开,用户可根据自己的经济和技术能力、发酵原料情况等选择适合自己的服务模式,确保沼气池的常年稳定运行。三是全面推广户用沼气池综合保险,减少安全事故和自然灾害等可能带来的损失,最大程度保障农户利益。四是开展技术合作,研发先进设备技术。2011 年,区农村能源办公室就与农业部成都沼气科学研究所和德阳好韵复合材料有限公司开

---

① 资料来源:德阳市农村能源办公室、旌阳区农村能源办公室。

展合作,采用先进材料和先进工艺,发明了玻璃钢地上式沼气供气系统,并获得国家新型发明实用专利。 目前,已在全区广泛推广使用该技术,建成7处沼气集中供气站,供气300户农户。 五是开展"三沼"综合利用,促进农业降本增效。 区农业局投资18万元,在双东镇青山村旌阳区农业科技示范园区进行了"三沼"综合利用技术试点示范,其中8万元用作沼渣、沼液贮存池和滴喷灌设备设施的建设与安装,10万元进行沼肥生产水稻、水果、蔬菜等农作物的试验和检测。 通过对沼液、沼渣等沼肥的使用,每亩可节约化肥农药支出近80元,亩产可提高10%~15%。 通过开展"三沼"综合利用,发展循环农业,促进了农业节本增效。 六是对沼气供气站的后续管理实行补贴,按每个点2万元的标准补助,其中1万元用于村委会租用土地和安全管理方面的经费补贴,另1万元用于补贴管理服务公司的车辆运行和人工工资等。

8.1.5　遂宁市:种养结合模式

遂宁市结合新农村示范片建设,率先建设了"种养结合、循环发展"的农业示范园区10多个,逐步形成了"种植养殖并存互促,产业发展与环境保护互联互促"的发展格局。 目前,遂宁市在农村沼气建设方面走在全省的前列,其三县两区全部被列为四川省沼气化县,成功创建沼气化市。

蓬溪县积极探索治理农业面源污染、促进种养循环新途径,推广沼气沼渣沼液综合利用。 重点依托红江通德农牧公司大型沼气工程、任隆国辉农业开发有限公司大型沼气工程、高坪镇倒流溪村、群力乡平兴桥村集中供气工程等项目所产生的沼渣沼液,建立种养循环农业示范基地 4 处。 在农业园区和业主规模流转的土地内，推行"果（菜）-沼-畜"新型种养结合、循环利用发展模式 12 000 余亩（1 亩＝0.000 666 7 平方千米）。 通过沼渣沼液优质有机肥灌溉农田、果树、蔬菜、核桃、药材等经济作物的方式促进农业供给侧结构性改革，提供更多绿色、有机、无公害农产品。

射洪县采取"政府引导、市场主导、多方参与"工作机制，逐步建立"猪（牛）-沼（有机肥/沼渣沼液）-果（菜/药、粮）"种养循环农业模式。 推动养殖场（屠宰场）标准化建设。 重点配套建设粪污处理基础设施，加强标准化养殖场建设，建设区域性动物无害化处理中心，配备相应收集、运输、暂存和冷藏设施以及无害化处理设施设备，实现病死畜禽及产品无害化处理。 推动种养一体就近循环利用。 针对周边配套农田、山地、果林或茶园的养殖场，重点开展沼气工程建设，建设沼液或肥水的贮存设施、输送设备、田间利用管网与配套设施等。 养殖粪便通过沼气处理或氧化塘处理，处理后的肥水浇灌农田，实现资源化利用和粪便污水"零排放"。 推动 PPP（又称 PPP 模式，即政府和社会资本合作）异地循环利用。 针对大型养殖场或养殖密集区，由第三方组建养殖粪便综合利用公司，开展"畜禽粪污收集-运输-储存-加工-施用""一条龙"专业化服务。 对固体粪便采用"粪车转运-机械搅拌-堆制腐熟-粉碎-有机肥"的处理工艺，对沼渣沼液采用"吸粪车收集转运-固液分离-高效生物处理-肥水贮存-农田利用"的处理工艺。 建设内容主要包括养殖场粪污暂存设施、粪污转运设备、有机肥生产设施和肥水利用设施等。 通过推广"猪-沼-果"循环农业发展模式，全县已建成标准化养殖场（小区）56 个。 建立田间粪污管网 13.2 千米，沼肥运输合作社 2 家，畜禽粪便有机肥加工厂 2 家，种养循环推广面积 14 万亩（1 亩＝0.000 666 7 平方千米），消纳畜禽粪污 40 万吨。 种养循环示范区土壤有机质含量提升 0.25%以上，化肥施用量减少 30%以上，农作物增产 8%以上，种植基地亩节本增效 130 元以上，养殖场畜禽粪污处理成本减少 45 元/立方米左右。

8.2　国外沼气发展的典型案例

8.2.1　德国:沼气发电

沼气发电是一种新能源技术，也是未来能源发展的方向。 德国是目前世界上沼气工程发电最成功的国家之一，预计到 2020 年，德国沼气年发电量将达到 760 亿千瓦·时，约占德国整个发电量的 17%。

（1）技术设备：德国沼气工程配套设备和技术装备非常先进，普遍采用“混合厌氧发酵、沼气发电上网、余热回收利用、沼液沼渣施肥、全程自动化控制”的技术模式。 德国十分重视沼气相关技术的研究开发，充分考虑沼气应用涉及的居民供暖、用电需求，沼气工程数据分析、系统研究和交叉学科成果共享，建立了完善的研发体系。

（2）管理模式：德国沼气工程走的是市场化、产业化之路。 前期工程建设依靠 20 年不变的银行低息贷款，沼气应用与产品销售依赖于政策保障下的沼气市场发展机制。 德国具备健全的沼气社会化专业技术服务体系，相关企业近百家，为沼气产业化发展奠定了基础。德国将农场的经营模式引入沼气工厂，形成了人员少、效率高、操作规范、专业技术强、机械化作业的运行管理模式，使得沼气工程管理有保障且运行费用低。

(3) 政策引导：在《可再生能源法》《能源转型数字化法案》和《电力市场法案》等相关法律法规引导下，德国对沼气发电上网进行价格补贴，制定具有可操作性的沼气发电配额，提高沼气工程收益，如发展沼气车用燃料、沼气电池、沼气制取二甲醚等。依据原料、规模和使用技术对沼气工程给予相应额度的补助，其电价补贴高达 21.5 欧分/千瓦·时，对装机低于 70 千瓦的沼气工程可获得 15 000 欧元的补助金及低息贷款。仅 2017 年，德国联邦政府就拨款 40 亿欧元，用于支持能源转型。

由此可见，德国沼气工程发展有两点值得借鉴：一是先进的技术设备和管理体系；二是国家政策的大力支持。

8.2.2 瑞典：车用燃料

沼气经净化提纯后可替代燃油和天然气作车用燃料。瑞典沼气被广泛用于大、中、小型汽车，甚至火车的驱动。1995 年瑞典首都斯德哥尔摩出现了第一辆沼气汽车，2005 年 6 月世界上第一辆沼气火车在瑞典东海岸的林雪平市和韦斯特维克市之间成功运行，标志着其成功将沼气用作汽车、火车燃料。现在瑞典的交通工具所使用的气体燃料中，沼气占比达 54%，瑞典成为世界上使用沼气作为汽车燃料最先进的国家。

瑞典政府通过对沼气使用实施免税或减税、提供发展沼气的津贴等激励政策，极大地推动了沼气产业的生产和利用。1992 年建立的瑞典拉霍尔姆沼气厂是瑞典首例将生物甲烷并入天然气管网的工厂。该厂采用与私营公司、当地农民协会联合经营的模式，处理当地畜禽粪便和其余有机废物，年处理有机废弃物 3.5 万吨。瑞典对建设沼气工程企业给予工程投资 30%的补贴，并减征企业增值税；对使用纯化沼气替代常规燃料者免征化石燃油使用税，减征车辆拥堵税，免征能源消费税、H_2S 排放税、CO_2 排放税，所有生物天然气汽车在大中城市免收拥堵税和停车费；对生物天然气车辆生产企业给予补贴，购买生物天然气汽车的车主一次性可获补贴 1 万克朗（约合人民币 9 368 元）。瑞典从 1996 年开始提纯沼气作为汽车燃料；瑞典应汽车制造商的要求颁布了沼气作为车用燃料的国家标准，要求甲烷含量不低于 97%，水含量不超过 32 兆克/立方米，总硫含量不超过 2 兆克/立方米。

由此可见，瑞典先进的沼气纯化技术、车辆燃气技术，以及完善的加气设备、商业供应和政府激励，有效推动了沼气车用燃料的发展。据瑞典沼气协会估算，若以 10%农地和林业废弃物生产沼气，沼气生产能力将达 853 万吨油当量/年，到 2020 年瑞典将成为世界上第一个不依赖石油的国家。

8.2.3 荷兰:沼气并网

沼气经过净化和提纯后达到管道天然气的质量标准（目前无国际统一标准）即可注入燃气管网，这大幅提升了沼气的应用价值及当地天然气管道供应的可靠性。沼气并网是否会传播疾病一度引起广泛关注，瑞典农业科技大学和疾病控制协会对此展开研究，得到的结论是沼气纯化后进入燃气管网或用于车用燃料时传播疾病的概率极低。 欧美等国家已具备了实现沼气提纯并网的各项条件，其中荷兰最具代表性，其天然气管网敷设覆盖范围广，每 1 000 个居民平均占据 9 千米的燃气管网，成功地将沼气纯化后作为天然气的替代能源。

荷兰沼气并网在技术上主要分为沼气净化、提纯和沼气并网混合。 在科研领域，荷兰的 Shell-Paques 脱硫工艺是目前最有代表性的生物脱硫技术，相关学者在原位提纯技术上取得了重要成果，并对沼气内微生物对燃气管网完整性、人体健康和环境的影响展开研究；工程应用中，荷兰使用特殊高效微粒空气过滤器 HEPA 阻止微量元素进入燃气管网。 沼气并网混合前管网运营商需依据前一年的管网运行数据对用气负荷进行预测，以保证安全供气，只有供需平衡时沼气才可并入管网，沼气注入量和管网压力被实时监测以免管网压力超限，沼气接入口处设置阀门来控制和切断沼气混入量。 沼气生产商负责将沼气净化提纯直至满足燃气法规规定的净化标准，相关法规由能源管理办公室和荷兰竞争局一同制定和调整。 沼气被注入管网前由管网运营商检测沼气重要成分的浓度，监测系统的信号传送至中央管网控制中心，当沼气不满足质量要求时，阀门自动关闭，沼气被返回至净化提纯设备，燃气分输站提供备用天然气以保证下游用户用气稳定。

荷兰政府出台系列政策支持沼气并网，法律规定燃气管网运营商应尽可能支持沼气并网，荷兰可再生能源激励政策（Stimulering

Duurzame Energieproductie,SDE）支持沼气生产和应用。

8.2.4　美国:燃料电池

沼气燃料电池是一种效率高、清洁、噪音低的发电装置,其应用范围逐渐拓展,用于可移动电源、发电站、分布式发电、热电联产和热电氢联产等领域。 沼气既可通过高温燃料电池直接发电,也可经过重整后转换为氢气作为燃料电池的传统燃料。 由于不受卡诺循环的限制,燃料电池的能量转换综合效率可达60%~80%,与沼气发电机组相比具有很大发展优势。 尽管在融资、技术和相关政策法规上面临巨大挑战,沼气燃料电池在一些发达国家已得到较好发展。

沼气燃料电池在美国一些对环境污染和能源供给格外重视的地区得以推广应用。 圣地亚哥市将污水处理厂生产的沼气净化提纯后作为燃料电池的原材料,发电量达2.4兆瓦,预计10年内可节省78万美元的电力成本;怀俄明州的夏延市干溪谷污水处理厂建设了沼气燃料电池项目,该项目配置独立电网,从而在断电时可为微软公司数据中心持续供电（微软公司向该项目投资了500万美元）。

美国十分重视沼气燃料电池技术的研发与创新,马里兰大学能源研究中心研发了一种突破性的固体氧化物燃料电池技术（SOFC）,Redox公司在此技术基础上研发了PowerSERG2-80型燃料电池,可直接与天然气管道连接将甲烷转化为电力;密歇根州立大学的研究人员在美国国家科学基金会的支持下,研究如何有效降低SOFC性能提升和寿命延长时的运行温度和成本。

沼气燃料电池在美国得以迅速发展与政策支持密切相关。2013年5月，加利福尼亚能源委员会对2013—2014年投资计划进行了修正以支持绿色汽车和替代能源的发展，并于7月批准了1 800万美元用于氢燃料站建设；2013年2月，康涅狄格州发布了其综合能源策略，将含燃料电池在内的1级能源容量增加至3吉瓦，且推动税收股权融资为本州燃料电池企业融资；新泽西州经济开发署和公共事业委员会对发电容量高于1兆瓦的燃料电池项目给予300万美元的补助。

8.2.5 印度：新能源开发

印度是一个因经济快速发展而能源供应日趋紧张的国家，和中国一样，面临能源结构优化问题的巨大压力。随着新能源发展战略与政策的制定，目前印度已成为世界第二大沼气利用国、世界第四大能源消费国、第五大风能和光伏电生产国以及世界第七大能源生产国。

印度早在20世纪60年代就开始在农村使用沼气，直到80年代，即第六个"五年计划"期间才开始了农村沼气项目的大规模开发工作。印度"新能源和可再生能源部"（MNRE）为农村沼气项目提供主要财政支持，用于建设沼气厂、相关技术人员培训等。该项目已成为印度可再生能源项目的基石，也是印度政府资助额最大的一个项目，不仅为农村烹饪提供了清洁和高效的能源，也支持了印度国家能源建设计划。

印度各级政府不断提供财政资助或其他激励措施促进生物能利

用项目的开展。 近10年中,印度已经安装了约250万个以户为单位的沼气生产厂,这些沼气厂每年产生的热能相当于燃烧1 000万吨的木材,同时每年还生产了大约5 000万吨的浓缩有机肥。 另外,公共厕所沼气复合使用系统已使部分边缘城市2 000万人受益。 印度利用清洁发展机制(CDM)开发的生物质能源项目大约占印度全部注册生物质项目的1/3,对实现能源供应多元化和农村脱贫十分有益。

8.3 本章小结

通过对国内外农村沼气发展的典型案例分析可以看出,沼气发展需要强有力的政策支撑,而且必须注重对沼气价值的多元化利用。 虽然我国目前已出台了《中华人民共和国可再生能源法》《畜禽规模养殖污染防治条例》等一系列法律法规,也制定了《关于完善农林生物质发电价格政策的通知》《可再生能源电价附加收入调配暂行办法》等相关政策文件,但这些政策在沼气领域难以落地,存在行业壁垒现象。 例如沼气发电上网政策,有的电网公司以各种理由拒绝接受上网;有的电网公司对沼气发电上网收取管理费;有的电网公司同意上网,但不给予政策规定的全额上网补贴等。 因此,要切实发挥沼气工程效益,一方面,必须破除体制机制障碍,认真落实沼气发电上网标杆电价和上网电量全额保障性收购政策,降低电力公司和天然气公司并网门槛,为沼气工程发展创造公平的市场竞争环境；另一方面，采用前端补贴与后端补贴相结合的方式，由目前的建设投资补贴逐渐转向产业链的关键环节补贴，并注重后端补贴，从而还原沼气产品的商品属性，推动沼气从产品到商品的改变。

9 农村沼气可持续发展的对策建议

9.1 构建农村沼气可持续发展的长效机制

9.1.1 建立和完善"政府引导、农户参与、市场驱动"的投资机制

农村沼气建设联结了农业生产、农民生活和农村生态这三个环节，通过以农村沼气为纽带，前带养殖业、后促种植业，形成了沼气、沼液、沼渣的多层次综合利用，对于改善农村生态环境具有较强的正外部性，因而具有公共物品属性，理应得到政府的政策和资金支持。作为公共物品提供者，政府应继续加大对农村沼气发展的扶持力度，在政府投资引导下，带动农户和社会力量的参与。同时，积极引入市场机制，在"建、管、用"各环节发挥市场作用。通过清洁发展机制（CDM）不断开辟农村沼气发展的新的筹融资渠道，提高农村沼气建设的投资回收率。整合农村沼气国债项目和其他项目资金效应，驱动有建池意愿和能力的农户参与农村沼气建设，从而建立以政府为引导、农户参与、市场驱动的多元化投资机制。

9.1.2　建立农户需求表达机制

长期以来，农民对农村公共产品的需求表达的渠道不畅通，是导致我国农村公共产品的供给效率不高的主要原因，因而在农村公共产品的供给决策时，应该建立一种"需求导向型"的表达机制，从而保证农村公共产品在政府供给上的科学性、真实性以及有效性。当前，我国农村沼气有关项目实施是以政府主导为特征的自上而下的一个决策过程，农户话语权的缺失或满意度不高，是影响农村沼气有关项目继续推进的关键性因素。笔者在实地调研走访过程中，也明显感受到农户对农村沼气有关项目实施中存在问题的不满与政策调整的期待。因此，农村沼气要想实现可持续发展，必须重视农户话语权的表达，切实考虑农户对农村沼气发展有关公共产品服务的有效需求。

9.1.3　建立和健全多元化的后续服务管理机制

针对农村沼气后续管理问题，一方面，应改变"重建轻管"的思想，积极做好农村沼气池的大回访工作，增强后续服务管理的动态性和反馈性。各地应组织基层农村沼气技术推广人员、沼气产品供货企业、沼气项目施工单位和沼气生产工对农村沼气池的建设和使用情况进行回访，对无法正常使用的农村沼气池进行故障检查和维修维护；对未正常进出料的沼气池，应现场指导用户正确进出料；对已破损报废的沼气池，应指导农户进行填埋；等等。通过大回访进一步提高农村沼气的使用率，减少"留守型""饥饿型"沼气池，巩固农村沼气已有的建设成果。另一方面，在总结专业性公司物业化服务型、合作社自我服务型、能人服务型等现有模式成功的经验基础上，进一步强化农村沼气服务网点的服务功能，积极探索建立"专业化施工、物业化管理、社会化服务、市场化运作"的建设、管理、使用服务机制，实现农村沼气后续服务的专业化、市场化、制度化、规范化。

9.1.4　建立和完善对相关利益主体的激励约束机制

鉴于农村沼气有关项目实施过程中存在多层委托代理关系，一般而言委托人对代理人想要进行有效监督主要有两种办法：一种是通过委托人对代理人的行为进行全面监督检查，从而避免代理人产生不利于农村沼气有关项目实施的行为，但也意味着委托人要花费巨大的人力、物力成本；另一种是委托人通过建立有效的激励和约束机制，以此来影响代理人的具体决策行为。考虑农村沼气发展区域的广泛性、实施过程的复杂性和涉及利益主体的多元性，进行全面监督可操作性不强且成本太高，因而选择第二种办法是最经济可行的。由此，要实现农村沼气可持续发展，必须构建对多层委托代理关系链条中所涉及的利益相关者的激励约束机制。比如建立一套科学合理的考核评价指标体系，把资金安排与项目完成情况以及项目运行情况挂钩，把绩效考核与农户满意度挂钩，加强监督的有效性和反馈的及时性。

9.1.5　建立特色产业支撑机制

目前，大规模农村沼气池建设时期已基本结束，由于受农村畜禽养殖规模变化及农村劳动力短缺、生活能源选择日趋多元化等因素的影响，农村沼气发展应从追求"数量型"向"质量型"转变。如何发挥已建农户沼气池的最佳效益，"三沼"的综合利用是关键。通过前面的比较分析可以看出，有特色产业支撑的农户的农村沼气池收益十分可观。为此，要结合地方特色，以市场为导向，以效益为核心，依靠龙头企业带动，积极推广"生态养殖+沼气+绿色种植"农业循环经济模式，充分发挥农村沼气的纽带作用，把绿色种植业与生态养殖业有机结合起来，着力构建以沼气为纽带的"公司+基地+农户"的特色产业支撑体系，积极推广"猪-沼-果（菜、粮、茶、鱼）"等多种能源生态模式，延长生态循环产业链，发挥沼液沼渣的综合利用效益，促进生猪、水稻、蔬菜、花卉苗木、茶叶、果业、渔业等特色种养产业发展，践行农业的绿色、低碳、循环发展理念。同时，要加强对农户的技术指导，尤其是沼气、沼液、沼渣综合利用技术的推广，比如沼液浸种、如何利用沼气保存粮食和果品、如何利用沼液养鱼、喷洒果蔬以及叶面追肥、利用沼渣种蘑菇等，从而引导农户将农村沼气建设与当地农业产业结合起来，真正实现农村沼气的可持续发展。

9.2 促进农村沼气可持续发展的建议

9.2.1 调整和优化农村沼气的政策设计

9.2.1.1 调整补贴标准

鉴于农村沼气建设一次性投入资金较大,虽然中央政府在近年来大幅度地提高了补贴标准，但考虑建池成本、建池难度、待建农户自筹资金压力大等困难，可以适当提高补贴标准，以调动农户参与农村沼气发展的积极性。 同时，在考虑现行的以东部地区、中部地区和西部地区的划分为依据的基础上，还应根据平原地区、丘陵地区、山区不同农户的资源禀赋和收入状况制定相应的补贴标准，并向切实需要发展农村沼气且经济上有困难的农户倾斜，从而体现农村沼气发展的针对性和有效性，避免发展错位。

9.2.1.2　改变补贴方式

目前，我国对农村沼气发展补贴政策主要是针对建池环节的一次性补贴，容易导致"只重数量不重质量"的盲目行为，而忽视了后续管理及沼液沼渣的综合利用效益的发挥。 为此，可以借鉴发达国家经验，改变目前的一次性建设补助方式，加大对建成后期的管护支持力度，尤其是对老池、旧池、病池等带病运行的农村沼气池的修复补贴，针对农户出渣难、换料难等问题进行清掏补贴，以巩固农村沼气已有建设成果，提高农村沼气发展效益。 在补贴方式上，可以采取多元化的方式，比如"现金""服务+现金""实物+现金"等；还可以采取"以奖代补"的形式对农村沼气发展较好的农户进行补贴。

9.2.1.3　下放管理权限

对农村沼气项目的组织实施一般可以采用两种方式：一是由地方政府组织农村沼气项目的申报，中央政府负责对项目进行审查；二是由地方政府组织农村沼气项目的申报，并且由省级相关部门对项目进行审查，然后报中央予以备案。由于地方政府对当地经济发展水平、资源禀赋条件、农户需求等情况更为了解，因而在农村沼气项目的组织实施上，可以采用第二种方式，通过管理权限的下放，以缩短审批时间，增强地方政府的自主性和管理的灵活性。

9.2.1.4 完善配套政策

随着农村沼气的快速普及和"三沼"综合利用效益的发挥，尤其是国家有关政策的大力扶持，更多的市场主体将资源投入至农村沼气的技术研发、沼气相关配套设备和产品的生产、沼液沼渣的综合利用、沼气的后续服务管理等领域。从太阳能分布式利用的成功经验来看，发挥市场机制作用，吸引更多市场主体的参与，其发展效果远远胜于单纯的政府补贴的推动。因此，应积极完善有关农村沼气工程建设所涉及的信贷、用地以及其他财政政策和税收优惠政策，尤其是对使用沼液沼渣作为肥料生产的绿色农产品给予价格补贴或者采取相应的激励措施，以吸引更多社会资本进入农村沼气市场。

9.2.2 发挥部门协同效应，科学合理安排项目

中央以预算内资金支持方式引导农户发展农村沼气，地方政府对农村沼气发展要给予高度重视并有效落实中央有关政策，各级财政、税收、金融等部门也应给予积极支持，从而形成中央到地方多级多部门联动的协同效应。针对农村沼气项目在规划上采取的不合理的分指标、分任务形式，导致部分地区建设任务过重而有建池意愿和条件的地方无指标的现象，以及不同项目、不同批次补贴标准

存在差异导致难以协调等问题，各级政府应整合不同来源渠道资金效应，从项目的申报以及审批上进行统筹考虑，对项目开展进行合理规划，做好前期调研，根据养殖条件、农户意愿等科学安排项目，避免发展的盲目性。

9.2.3　加大对农村沼气配套产品集中采购的监管力度

针对农户普遍反映的农村沼气相关配套产品质量问题，根据农业部办公厅《关于将沼气灶具及配套产品和服务体系专用设备招标交由地方具体组织的通知》要求，本着简政放权原则，现行农村沼气灶具及配套产品和服务体系专用设备招标采购工作已经交由市州统一组织实施，相关部门应加强对农村沼气配套产品集中采购的监管力度，引入市场竞争机制，通过公开、公平竞争，选择质量好、服务佳、性价比高的公司入围，倒逼农村沼气服务公司重视产品质量和服务提升，使之不仅有来自农户的监督压力，而且还有同行竞争的市场压力，从而切实保证集中采购产品及服务质量。

9.2.4　加强农村沼气人才队伍的培养管理

为适应不同时期、不同类型、不同阶段的建设任务要求，应继续推进"技术过硬的施工队伍、保障有力的管理队伍"为目标的农村沼气人才队伍建设，加大农村沼气相关人员的培训力度。一是开展农村沼气项目管理人员培训，以增强管理人员的服务意识，提高管理人员的管理水平，并丰富他们的专业知识；二是针对沼气技工的培训，依托温暖工程、阳光工程等有关农民培训工程，专门开展沼气生产工人的培训，尤其是要加强对技工的相关技能培训。各地农村能源办公室也要到项目乡镇及村社开展现场流动培训，通过以建代训、现场示范操作等方式手把手让生手变熟手、熟手变能手，以老带新，多渠道培养农村沼气生产工人，为农村沼气可持续发展提供人员保障。此外，还应适当提高农村沼气生产工人的工资收入水平，为相关技术人员和后续服务管理人员购买人身意外伤害保险，有条件的地区还可以考虑将长期坚守农村沼气事业发展岗位的农村沼气生产工人纳入城镇职工养老保险计划，以解决其后顾之忧，从而调动农村沼气工人的积极性。

9.2.5 注重农村沼气技术研发和科技创新

回顾农村沼气发展历程，其经历的几次起落都与技术有关，尤其是对原料替代、服务设备等方面的技术研发投入不足，导致技术服务和产品创新能力不足。为了加强沼气技术的研发能力，我国于2010年启动了农村沼气的科技支撑项目，积极扶持沼气新材料、新技术、新产品的研发、试点和推广。未来应更多地跟踪了解和学习国际先进经验，并从自身国情出发，进一步加大对新材料、新设备、新产品的研发力度，不断推进沼气相关产品和技术的更新换代。比如针对养殖业发达地区原料相对过剩问题，由于运输不方便、转运成本高、难于保存等导致的配送难问题，可以通过技术创新对沼气原料进行适当的预处理或加工，使运输储存更方便，降低运输成本，从而实现不同区域间供需市场调节。积极探索沼气发电并网、热能回收、提纯灌装技术研发，注重沼气、沼渣和沼液的深加工, 如管道天然气、灌装天然气、车用燃气、化工原料、袋装生态有机肥、作物营养液等。

9.2.6 因地制宜发展农村沼气的集中供气模式

通过实地走访发现, 在畜禽养殖比较发达地区, 农村沼气发酵的原材料充足甚至过剩, 而在一些养殖户少的地区, 农户出于原料的限制无法修建沼气池或者农户建池后因为原料不足而导致产气效果不佳。 考虑到畜禽养殖方式转变和新农村建设带来的农民生产生活方式变化的发展趋势, 在村镇人口聚集程度高的地区可以因地制宜积极探索农村沼气集中供气模式。 该模式依托养殖场丰富的畜禽粪便资源, 统一建设大型发酵装置和储气设备, 通过管网铺设把沼气直接输送到农户家中, 不仅可以解决原材料短缺、劳动力缺乏、后续管护困难等问题, 还可以节约土地资源和运行管理成本、提高农村沼气使用效率。 而且农村沼气集中供气站由专业的技术人员对农村沼气进行统一管理和日常维护, 为整个供气系统的安全和沼气的正常有效运作提供了保障。 此外, 通过 "生态养殖业–沼气–集中供气–有机肥料–高效种植业" 循环农业生态模式的推广, 还可以有效促进农业的绿色、低碳、循环发展, 真正实现 "产村相融"。

9.3 本章小结

农村沼气要实现可持续发展, 必须建立和完善 "政府引导、农民参与、市场驱动"的投资机制、农户需求表达机制、多元化后续服务管理机制、对相关利益主体的激励约束机制、特色产业支撑机制。 同时，还应调整和优化农村沼气发展的政策设计，注重发挥部门协同效应、科学合理安排项目以及加大监管力度、加强人才培养和技术创新等。

10 研究结论与展望

10.1 研究的主要结论

本书运用可持续发展理论、公共产品理论、公共选择理论、多层委托代理理论、计划行为理论等对农村沼气发展的影响机理进行剖析，并结合四川实际，对 2003 年农村沼气国债项目实施以来农村沼气发展的有效性进行评估，探讨影响农村沼气可持续发展的因素，提出农村沼气可持续发展的对策建议。

研究的主要结论如下：

（1）农村沼气发展主要依托农村沼气有关项目实施予以推进，带有明显的政府主导特征。农村沼气发展主要基于缓解国家能源压力、改善农村生态环境、提升农产品质量、带动农业循环经济发展等方面的政策目标。在政策演进过程中，从补助标准到补助范围都呈现出由低到高、由窄变宽的政策特征，说明农村沼气发展在政策上具有连续性。在资金投入方面，目前农村沼气建设资金主要由中央政府、地方政府以及农户三方共同承担。但现行农村沼气政府补贴资金比例不足农户实际建池成本的 50%，农户自筹资金压力比较大。 在管理方面，缺乏对相关利益主体的激励约束机制，从而影响了农村沼气可持续发展。

(2) 四川农村沼气发展取得了明显的成效，同时也面临诸多问题。 分析表明，四川具有发展农村沼气的基础优势、资源优势、政策优势和科技优势，同时也受地理条件限制、待建农户参与积极性不高、农村沼气工人流失严重、农村服务网点运行困难、沼气产业化发展滞后等因素的制约。 四川各级政府十分重视农村沼气的发展并采取积极有效措施促进农村沼气发展。 在中央预算内投资农村沼气建设项目的带动下，四川全省农村户用沼气累计达 582 万口，农村沼气普及率达 64.4%。

(3) 农村沼气的发展从项目投资上看是可持续的，且具有很好的经济效益、生态效益和社会效益。 农村沼气的发展通过以农村沼气建设为纽带，联结"三生"(农业生产、农民生活、农村生态)，变"三废"(秸秆、粪便、垃圾)为"三料"(燃料、肥料、饲料)，从而实现了"三效"(经济效益、生态效益、社会效益)。 分析结果显示，项目农户建设沼气池的净现值为 8 169.71 元，而非项目农户的净现值为 6 351.53 元；项目农户的内部收益率为 84%，比非项目农户高 49%；项目农户的投资回收期为 1.32 年，比非项目农户投资回收期 3.47 年短约 2.15 年。 而有特色产业支撑的项目农户建设沼气池的累计净收益现值为 14 494.82 元，净现值为 54 933.29 元，内部收益率高达 170%，远远高于社会贴现率的 10%，投资回收期仅为 0.63 年。 此外，按照每口沼气池可以保护 0.22 公顷森林，减少水土流失 2 立方米测算，四川农村沼气发展相当于可以保护约 12.8 万公顷森林，减少水土流失约 1 164 万立方米，同时为农户减少 20% 以上的农药和化肥施用量，节约标煤约 348.79 万吨，减少的 CO_2 排放量约 366.97 万吨。 农村沼气的发展，不仅改变了广大农村的能源消费结构，巩固了退耕还林的成果，还有效地治理了农村的面源污染，推进了农村的生态文明进程，因而具有很好的经济效益、生态效益以及社会效益。

(4) 农村沼气发展的农户满意度有待提高。 本书在借鉴国内外成熟的满意度测评理论构架基础上，充分考虑农村沼气发展特点，从农户作为农村沼气有关政策实施的直接受益者即 "顾客" 视角，选择了农户期望、农户感知质量、农户感知效果、农户抱怨和农户忠诚五个维度对农村沼气发展进行农户满意度评价。 结果显示，农户满意度指数为 3.132 3，折合百分制后约 62.65%。 该评价总体上看趋于正面，但满意度不高，说明农村沼气发展受到大多数农户的认可，但在政策调整时应更多地考虑农户的利益诉求，以提高农村沼气发展的政策供需契合度。

(5) 影响农村沼气可持续发展的因素比较复杂，既受到政策特征和项目特征的影响，也受到农户个体特征和家庭特征以及其他环境因素的影响。 定量分析表明，影响农村沼气可持续发展最主要的因素是外出务工人数 (X_5)、牲畜存栏量 (X_7)、建池成本 (X_9)、项目施工满意度 (X_{10})、政府重视程度 (X_{12})、补贴标准满意度 (X_{13}) 和补贴发放方式的满意度 (X_{14})。

(6) 农村沼气要实现可持续发展，必须建立和完善 "政府引导、农民参与、市场驱动" 的投资机制、农户需求表达机制、多元化后续服务管理机制、对相关利益主体的激励约束机制、特色产业支撑机制。 同时，调整和优化农村沼气发展的政策设计，如根据平原地区、丘陵地区、山区不同农户的资源禀赋和收入状况制定相应的补贴标准、加大后期管护的支持力度等。

10.2 研究展望

农村沼气可持续发展是一个系统工程，鉴于自身研究水平和客观条件所限，尚有很多问题需要进行深化研究。

（1）后续研究视野的拓展。 一方面，本书主要对 2003 年农村沼气国债项目实施以来农村沼气的发展情况进行了系统梳理和剖析，对农村沼气 2003 年以前的发展历史和经验教训总结不够，因而在未来的研究中可以根据不同发展阶段特点进行纵向比较。 另一方面，本书主要基于农村沼气国债项目的实施情况进行分析。 国债项目是国家为了加强基础设施建设、拉动经济增长、改善贫困地区的投资环境而用国债资金安排的建设项目。 中央预算内资金支持的农村基础设施项目包括农村沼气工程建设、土地整理项目、农村饮水安全工程等，如何将农村沼气国债项目与其他项目进行比较，以切实发挥国债项目资金的效益，值得研究。

（2）农村沼气可持续发展评价体系有待完善。 农村沼气发展参与主体价值取向的多元化以及农村沼气建设自身具有准公共产品的特殊性，决定了影响农村沼气可持续发展的复杂性。 如何从不同视角、多个层面构建农村沼气可持续发展评价指标体系还有待完善。 在研究方法上，未来可以尝试采用结构方程模型进行评价。

（3）在实证研究方面。 受时间、精力及调研经费所限，样本容

量偏小，研究结果的代表性和普适性有待检验。 此外，农村沼气的
发展受不同资源禀赋、不同地域特征的影响比较大，未来如何结合
平原地区、丘陵地区和山区发展特点，并将四川与其他区域进行横
向比较有待探讨。

10.3　本章小结

　　本章结合前文的分析，总结了几点研究发现，并从主客观方面
审视了研究的不足，然后提出下一步需要继续深化的方向，比如拓
展后续研究视野、完善农村沼气可持续发展评价体系、加强实证研
究等。

参考文献

［1］王兰英. 农村沼气生态校园模式及其综合效益评价研究［D］. 咸阳：西北农林科技大学，2008.

［2］史宝娟. 城市循环经济系统构建及评价方法研究［D］. 天津：天津大学，2006.

［3］杜受祜. 全球变暖与成都低碳崛起［J］. 西南民族大学学报（人文社会科学版），2010，31（01）：94-97.

［4］冉瑞平，李娟，魏晋. 丘区农村环境污染影响因素的实证分析——以四川省为例［J］. 农村经济，2011（04）：112-115.

［5］郑军. 我国农村沼气国债项目：政策特征、政策绩效与政策优化［J］. 农业经济问题，2012，33（07）：55-62.

［6］陈豫. 中国农村户用沼气区域适宜性与可持续性研究［D］. 咸阳：西北农林科技大学，2011.

［7］赵玉环，黎华寿，聂呈荣. 珠江三角洲基塘系统几种典型模式的生态经济分析［J］. 华南农业大学学报，2001（04）：1-4.

［8］毛羽，张无敌. 以沼气为纽带的生态农业模式效益分析［J］. 中国沼气，2005（03）：36-39.

［9］申登峰，等. 甘肃中部农户庭院型"四位一体"生态农业

模式能流研究 [J]. 中国沼气，2005 (01)：42-45.

[10] 骆世明，黎华寿. 广东沼气农业模式的典型调查与思考 [J]. 生态环境，2006 (01)：147-152.

[11] 张培栋."四位一体"生态农业模式特征研究 [J]. 甘肃农业，2005 (06)：8-9.

[12] 张忠俊."四位一体"山区立体能源生态农业模式的特点与实施效果 [J]. 贵州农业科学，2007，35 (B7)：15-17.

[13] 董宜来，孔长青，卜平."鱼-沼-猪"模式巧 生态养殖效益高 [J]. 渔业致富指南，2007 (16)：22-23.

[14] 林忠华，等."猪-沼-藻"高效循环农业模式简介 [J]. 福建农业，2007 (04)：31.

[15] 陈豫，等."四位一体"生态农业模式区域适宜性评价与实证研究 [J]. 西北农林科技大学学报（自然科学版），2008 (09)：45-50.

[16] 孙贝烈，陈丛斌，刘洋. 北方"四位一体"生态农业模式标准化结构设计 [J]. 中国生态农业学报，2008 (05)：1279-1282.

[17] 李克敬，等. 广西"猪+沼+果+灯+鱼"生态农业模式关键技术及其效益分析 [J]. 中国农学通报，2008 (03)：328-332.

[18] 魏世清，李金怀，马奎. 广西生态卫生学校沼气模式与效益 [J]. 中国沼气，2010，28 (01)：39-41.

[19] 蒋远胜，邓良基，文心田. 四川丘陵地区循环经济型现代农业科技集成与示范——模式选择、技术集成与机制创新 [J]. 四川农业大学学报，2009，27 (02)：228-233.

[20] 牟晓莹. 重庆市涪陵江东营盘村猪-沼-菜（果）模式研究

[D]. 重庆：西南大学，2010.

[21] 郝先容，沈丰菊. 户用沼气池综合效益评价方法 [J]. 可再生能源，2006（02）：4-6.

[22] 阎竣，陈玉萍. 西部户用沼气系统的社会经济效益评价——以四川、陕西和内蒙古为例 [J]. 农业技术经济，2006（03）：37-42.

[23] 吴婧，韩兆兴，王逸汇. 用经济分析探讨农户使用沼气池综合效益问题——陕西省淳化县考察纪要 [J]. 东北农业大学学报（社科版），2007（04）：91-94.

[24] 路娟娟，等. 以沼气为纽带的生态农业模式优势潜力分析——以河南省伊川县路庙村为例 [J]. 湖南农机，2007（07）：181-183.

[25] 刘婧，傅新红，陈文宽. 四川省盆周山区社会主义新农村建设的探索 [J]. 湖南农机，2007（09）：40-41.

[26] 石方军，薛君，王利娟. 河南省农村生态沼气项目经济与社会效益评价 [J]. 中国沼气，2008（05）：45-47，44.

[27] 贾晓菁，赵铁柏，李燕芬. 生物质能源——沼气工程效益分析 [J]. 林业经济，2008（11）：67-69.

[28] 丁一. 应对气候变化下西部地区低碳经济发展研究——以四川省广元市为例 [J]. 西南民族大学学报（人文社会科学版），2012，33（06）：123-127.

[29] 陆宏，等. 以沼气为纽带的生态农业模式研究和应用 [J]. 农业环境与发展，2009，26（06）：39-40.

[30] 胡艳霞，等. 北京郊区多目标产出循环型农业效益评

估——以房山区南韩继大型养猪-沼气生态经济系统为例［J］. 中国农学通报, 2009, 25 (09): 251-257.

［31］张鑫. 凌源市农村沼气能源发展研究［D］. 北京: 中国农业科学院, 2010.

［32］雷震宇. 农村沼气建设可持续发展研究［D］. 合肥: 安徽大学, 2011.

［33］陈豫, 等. 户用沼气池生命周期环境影响及经济效益评价［J］. 农机化研究, 2012, 34 (09): 227-232.

［34］崔艳琦. 农村住宅用沼气能源的经济效益分析［J］. 城乡建设, 2009 (06): 65-66.

［35］李熊光. 浅谈农村户用沼气成本与效益测算［J］. 临沧科技, 2007 (01): 8-9.

［36］陈小州, 等. 谈东海县推广农村沼气的效益［J］. 现代农业科技, 2009 (03): 270, 272.

［37］章恬. 中国生物质能开发利用的政策法律研究［D］. 北京: 中国地质大学, 2013.

［38］吴罗发, 等. 基于CDM的农村沼气项目经济评价［J］. 江西能源, 2007 (03): 41-43.

［39］王秀花. 师宗县户用沼气池技术经济评价［J］. 可再生能源, 2003 (01): 31-32.

［40］张萍. 农村户用沼气经济评价和效益分析［J］. 新疆农业科技, 2008 (05): 77.

［41］彭新宇. 基于补贴视角的农村户用沼气池成本效益评价: 以湘潭市新月村为例［J］. 环境科学与管理, 2009, 34 (11): 154-

157.

[42] 王效华，等.户用沼气池对农村家庭能源消费及其经济效益的影响——江苏涟水与安徽贵池对比研究 [J].中国沼气，2006（04）：46-49.

[43] 张培栋，等.中国大中型沼气工程温室气体减排效益分析 [J].农业工程学报，2008（09）：239-243.

[44] 刘叶志.农村户用沼气综合利用的经济效益评价 [J].中国农学通报，2009，25（01）：264-267.

[45] 蒲小东，等.大中型沼气工程不同加热方式的经济效益分析 [J].农业工程学报，2010，26（07）：281-284.

[46] 陆娜娜，等.农村沼气投资效益评估——以北京农村某沼气站为例 [J].山西财经大学学报，2011，33（S3）：114-115.

[47] 张培栋，王刚.中国农村户用沼气工程建设对减排 CO_2、SO_2 的贡献——分析与预测 [J].农业工程学报，2005（12）：147-151.

[48] 李萍，王效华.基于环境费用——效益分析的农村户用沼气池效益分析 [J].中国沼气，2007（02）：31-33.

[49] 兰家泉.湘西民族村推广沼气的生态效益 [J].中国农村小康科技，2007（09）：25-26.

[50] 王小艳，彭高军，董仁杰.农村沼气建设生态环境影响评价体系的初步构建 [J].山西能源与节能，2007（02）：17-18.

[51] 张嘉强.农户沼气使用及生态环境效益评价：来自恩施州的证据 [D].武汉：华中农业大学，2008.

[52] 茅夫，等.新农村能源结构调整的生态效益分析 [J].湖

北民族学院学报（自然科学版），2009，27（04）：443-447.

[53] 刘叶志. 户用沼气能源温室气体减排的环境效益评价 [J].
长江大学学报（自然科学版），2009，6（01）：81-84，114.

[54] 衣婧. 甘肃农村沼气工程建设与生态经济系统关系研究
[D]. 兰州：兰州大学，2010.

[55] 林妮娜，等. 利用能值方法评价沼气工程性能——山东淄
博案例分析 [J]. 可再生能源，2011，29（03）：61-66.

[56] 郭晓鸣，廖祖君，张鸣鸣. 现代农业循环经济发展的基本
态势及对策建议 [J]. 农业经济问题，2011，35（12）：10-14.

[57] 陈绍晴，等. 户用沼气模式生命周期减排清单与环境效益
分析 [J]. 中国人口·资源与环境，2012，22（08）：76-83.

[58] 温晓霞，等. 退耕区户用沼气的生态环境效益评价 [J].
农业工程学报，2012，28（10）：225-230.

[59] 符源. 农村户用沼气的节能减排效果分析 [D]. 武汉：华
中农业大学，2011.

[60] 汪海波，辛贤. 农户采纳沼气行为选择及影响因素分析
[J]. 农业经济问题，2008（12）：79-85.

[61] 康云海. 云南山区农户发展沼气的行为分析 [J]. 生态经
济（学术版），2007（01）：290-294.

[62] 金鑫. 江汉平原农户沼气使用的影响因素研究 [D]. 武
汉：华中师范大学，2007.

[63] 周光龙. 恩施农村沼气能源开发与推广探讨 [D]. 武汉：
华中农业大学，2006.

[64] 王丽佳，姜志德. 陕西农村户用沼气发展的影响因素分析

[J]. 乡镇经济, 2008 (11): 12-15.

[65] 侯向娟. 晋北农村沼气推广影响因素及发展潜势研究 [D]. 北京: 中国农业科学院, 2008.

[66] 徐晓刚, 李秀峰. 我国农村沼气发展影响因素分析 [J]. 安徽农业科学, 2008 (07): 2888-2890.

[67] 瞿志印, 徐旭晖. 广东农村沼气发展的障碍与对策 [J]. 南方农村, 2008 (03): 49-52.

[68] 杨占江, 汪海波. 三门峡市农村户用沼气发展的影响因素及对策——基于对该市151户农户调查的分析 [J]. 安徽农业科学, 2008 (01): 280-282.

[69] 崔奇峰, 王翠翠. 农户对可再生能源沼气选择的影响因素——以江苏省农村家庭户用沼气为例 [J]. 中国农学通报, 2009, 25 (10): 273-276.

[70] 孙玉芳. 经济发达地区农村户用沼气发展趋向研究 [J]. 中国沼气, 2009, 27 (05): 37-38, 43.

[71] 盛颖慧. 农户采纳沼气技术影响因素分析 [D]. 呼和浩特: 内蒙古农业大学, 2010.

[72] 王维薇. 已建池农户沼气消费偏好的影响因素分析 [D]. 武汉: 华中农业大学, 2010.

[73] 王士超, 等. 农户采用小型户用沼气意愿影响因素的定量分析 [J]. 中国生态农业学报, 2011, 19 (03): 718-722.

[74] 柯明妃. 农户参与沼气建设的意愿及影响因素研究 [D]. 雅安: 四川农业大学, 2011.

[75] 涂国平, 等. 吉安市典型沼气生态农业模式的结构和效益

分析 [J]. 江西农业学报, 2003 (04): 52-57.

[76] 曾晶, 张卫兵. 我国农村能源问题研究 [J]. 贵州大学学报 (社会科学版), 2005 (03): 105-108.

[77] 胡海洋. 农村沼气池发展分析——以山东省沂源县农村沼气推广为例 [J]. 农业环境与发展, 2007 (02): 19-22.

[78] 崔铁宁, 刘双喜, 朱坦. 推进我国沼气能源工程的建议 [J]. 环境保护, 2007 (06): 33-36.

[79] 庞凤仙, 等. 吉林省农村户用沼气的发展困境与对策分析 [J]. 安徽农业科学, 2009, 37 (24): 11781-11782.

[80] 仇焕广, 等. 我国农村户用沼气补贴政策的实施效果研究 [J]. 农业经济问题, 2013, 34 (02): 85-92, 112.

[81] 刘武伟, 姚军. 市场化运作 大力推进沼气物业管理 [J]. 现代农业, 2007 (12): 150-151.

[82] 胡浩, 张晖, 岳丹萍. 规模养猪户采纳沼气技术的影响因素分析——基于对江苏 121 个规模养猪户的实证研究 [J]. 中国沼气, 2008 (05): 21-25.

[83] 刘艳琴, 等. 吉安县农村沼气建设存在的问题及发展对策 [J]. 现代农业科技, 2009 (08): 275-276.

[84] 包红霞, 等. 陕北黄土高原农村户用沼气区域适宜性评价——以延安市为例 [J]. 西北农林科技大学学报 (自然科学版), 2008 (11): 117-122, 129.

[85] 陈慧敏. 农村沼气发展的政策研究 [D]. 长沙: 中南大学, 2009.

[86] 李莉莉. 江苏省农村户用沼气物业化管理模式研究 [D].

南京：南京农业大学，2009.

[87] 刘莹玉. 湖北省农村沼气产业化发展模式与对策研究 [D]. 武汉：华中农业大学，2010.

[88] 王金辉. 聊城市农村沼气能源开发与推广探讨 [D]. 泰安：山东农业大学，2010.

[89] 罗雨国. 农村户用沼气发展机制分析——以陕西省为例 [D]. 咸阳：西北农林科技大学，2010.

[90] 冯大功. 随州市农村户用沼气发展制约因素及潜力研究 [D]. 武汉：华中农业大学，2010.

[91] 周兆霞. 北京农村沼气服务体系构建研究 [D]. 北京：北京化工大学，2011.

[92] 王元勇. 贵州省镇宁县农村沼气发展对策研究 [D]. 中国农业科学院，2012.

[93] 李潇晓. 广西农村沼气可持续发展问题的探讨 [J]. 河北农业科学，2008（03）：129-132，132.

[94] 李兵. 大力发展农村沼气　加快建设社会主义新农村——肥东县农村沼气国债项目建设的经验与体会 [J]. 安徽农学通报，2006（05）：158-160.

[95] 李军. 农村沼气国债项目实施问题分析及建议 [J]. 中国沼气，2008（03）：41-42，45.

[96] 王建，余慧国，叶茂良. 农村沼气国债项目村的户用沼气成效分析 [J]. 中国沼气，2010，28（02）：55-56.

[97] 农业部. 农村沼气建设国债项目管理办法（试行）[J]. 农村·农业·农民，2003（12）：54-55.

[98] 张兰英, 等. 关于实施农村沼气国债项目建设的对策 [J]. 内蒙古农业科技, 2010 (40): 31-32.

[99] 张俊浦. 在自愿性与强制性之间——甘肃省 F 县农村沼气项目建设中的农民参与研究 [D]. 兰州: 兰州大学, 2010.

[100] 王晓荣, 金淑莉, 王莉婕. 农村沼气国债项目经济效益审计发现问题及解决对策 [J]. 理论观察, 2011 (03): 73-74.

[101] 张文秀, 郑华伟, 刘东伟. 西部少数民族牧区新农村建设面临的问题分析——基于川甘青三省六县的调查 [J]. 四川农业大学学报, 2009, 27 (03): 365-370.

[102] 中共四川省委政策研究室课题组. 四川沼气建设中几个必须解决的重大问题 [J]. 四川省情, 2006 (06): 18-19.

[103] 文华成, 杨新元. 市场约束对农村户用沼气国债项目政策效果的影响 [J]. 农村经济, 2006 (12): 87-89.

[104] 文华成, 杨新元. 当前农村沼气发展的问题与对策——以四川省为例 [J]. 生态经济, 2006 (11): 70-73.

[105] 方行明, 屈锋, 尹勇. 新农村建设中的农村能源问题——四川省农村沼气建设的启示 [J]. 中国农村经济, 2006 (09): 56-62.

[106] 李铁松. 新农村沼气能源建设的环境经济效益和制度保障实证分析——南充个案 [J]. 中国软科学, 2007 (12): 28-32, 55.

[107] 蒋素娟, 胡碧玉, 李海燕. 沼气新农村的重要能源——来自四川的实地调查 [J]. 中国统计, 2007 (07): 57-59.

[108] 贾西玲, 王康杰. "四川模式" 对运城沼气发展的借鉴初探 [J]. 中国农村小康科技, 2008 (10): 66-68.

[109] 姜文斐，王斌. 农村沼气建设对四川省节能减排的贡献——以西昌市的典型调查为例 [J]. 四川环境，2009，28（02）：116-119.

[110] 周了. 四川省农村户用沼气可持续发展研究 [D]. 成都：电子科技大学，2010.

[111] 何周蓉. 四川绵阳丘陵地区户用沼气生态农业模式研究 [D]. 石河子：石河子大学，2010.

[112] 杨敏. 四川农村沼气池建设投资的经济效益研究 [D]. 雅安：四川农业大学，2011.

[113] 覃发超，李丽萍，王海鹏. 川中丘陵地区农村沼气发展现状与对策——以蓬安县为例 [J]. 四川环境，2011，30（03）：87-89.

[114] 黄鑫，夏丽，张艾林. CDM 机制下农户发展沼气的现状、问题和对策思考——以德阳市为例 [J]. 农村经济与科技，2012，23（10）：21-24.

[115] 高喜珍. 公共项目绩效评价体系及绩效实现机制研究 [D]. 天津：天津大学，2009.

[116] 王念彪. 水土保持试点示范项目绩效考评指标体系研究 [J]. 中国水利，2007（16）：17-20.

[117] 颜艳梅. 公共工程项目绩效评价研究 [D]. 长沙：湖南大学，2006.

[118] 彭莉. 公共投资项目绩效评价指标体系探讨 [J]. 湖北大学成人教育学院学报，2007（04）：69-71，75.

[119] 吴建南，等. 公共项目绩效评价指标体系设计研究——基于多维要素框架的应用 [J]. 项目管理技术，2009（04）：13-17.

[120] 刘淑娟. 基于环境友好的大型工程建设项目的绩效评价方法研究 [D]. 武汉：武汉理工大学，2009.

[121] 沈满洪，谢慧明. 公共物品问题及其解决思路——公共物品理论文献综述 [J]. 浙江大学学报（人文社会科学版），2009，39（06）：133-144.

[122] 李小明. 中央与地方政府的关系问题研究——基于委托代理理论的分析 [J]. 经济视角（中旬），2011（07）：9.

[123] 郑方辉，朱一中. 民意市场研究理论方法与典型报告 [M]. 北京：中国经济出版社，2007.

[124] 吴卫明. 户用沼气对农村家庭能源消费的影响及其效益评价 [D]. 南京：南京农业大学，2006.

[125] 刘文昊，等. 基于外部性收益的畜禽养殖场沼气工程补贴模式分析 [J]. 可再生能源，2012，30（08）：118-122.

[126] 周曙东，崔奇峰，王翠翠. 江苏和吉林农村家庭能源消费差异及影响因素分析 [J]. 生态与农村环境学报，2009，25（03）：30-34.

[127] 任平，曾永明. 四川省农村循环经济区域模式探索 [J]. 贵州农业科学，2009，37（07）：214-217.

[128] 江平，刘筠. 四川农村沼气可持续发展的思考 [J]. 安徽农业科学，2013，41（01）：300-301，336.

[129] 丁冬，郑风田. 我国农村沼气池建设和使用影响因素研究——基于贵州丹寨县130村的调研分析 [J]. 西部论坛，2013，23（02）：51-57.

[130] 曾伟民，等. 我国沼气产业发展历程及前景 [J]. 安徽农

业科学，2013，41（05）：2214-2217.

[131] 马金国，罗海军. 平罗县农村沼气项目使用情况调查 [J]. 宁夏农林科技，2013，54（03）：114-115.

[132] 芈凌云. 城市居民低碳化能源消费行为及政策引导研究 [D]. 北京：中国矿业大学，2011.

[133] 高新星，赵立欣. 养殖场蓄粪池甲烷排放研究进展及对 CDM 项目贡献分析 [J]. 可再生能源，2006（06）：73-77.

[134] 陈秋绿. 农村环境保护的管理机制研究 [D]. 成都：西南财经大学，2011.

[135] 刘卫，谭宁. 论我国农村公共产品需求表达机制的构建——公共管理视角下的分析 [J]. 农业经济，2008（05）：15-16.

[136] 王革华. 农村能源建设对减排 SO_2 和 CO_2 贡献分析方法 [J]. 农业工程学报，1999（01）：175-178.

[137] 甘福丁，等. 广西户用沼气节能减排效果分析 [J]. 现代农业科技，2012（03）：292-293，295.

[138] 姜文斐，王斌. 农村沼气建设对四川省节能减排的贡献——以西昌市的典型调查为例 [J]. 四川环境，2009，28（02）：116-119.

[139] 袁岳驷. 城乡统筹发展机制研究 [D]. 成都：西南财经大学，2010.

[140] 王丽丽. 沼气产业化基本理论与大中型沼气工程资源配置优化研究 [D]. 长春：吉林大学，2012.

[141] 申阳. 农村分布式可再生能源技术推广的激励机制研究 [D]. 北京：北京工业大学，2013.

[142] 杨海霞. 加大政策力度　发展农村沼气:专访国家发展改革委农村经济司司长高俊才 [J]. 中国投资, 2010 (12): 72-75.

[143] 柏清玉, 等. 技术选择中农户意愿选择与实际选择的差异因素分析——以农村户用沼气建设为例 [J]. 广东农业科学, 2013, 40 (13): 211-215.

[144] 任龙越. 农户沼气池弃置行为影响因素及对策研究 [D]. 南京: 南京农业大学, 2012.

[145] 王达, 张强. 湖南省农村户用沼气池效益估算与财政补贴研究 [J]. 中南林业科技大学学报, 2013, 33 (10): 163-166.

[146] 王波, 李越. 农村能源发展新模式—四川省井研县农村沼气发展现状及问题分析 [J]. 农村经济, 2013 (11): 81-84.

[147] 王飞, 蔡亚庆, 仇焕广. 中国沼气发展的现状、驱动及制约因素分析 [J]. 农业工程学报, 2012, 28 (01): 184-189.

[148] 罗文斌. 中国土地整理项目绩效评价、影响因素及其改善策略研究 [D]. 杭州: 浙江大学, 2011.

[149] 苏振锋. 西部地区发展适用技术研究 [D]. 咸阳: 西北农林科技大学, 2009.

[150] 王冰云. 农村沼气问题研究 [D]. 泰安: 山东农业大学, 2007.

[151] 杜受祜. 环境经济学 [M]. 北京: 中国大百科全书出版社, 2001.

[152] 彭燕, 陈文宽, 杨春. 射洪县发展循环经济型现代农业的机制创新研究 [J]. 湖北农业科学, 2010, 49 (01): 246-249.

[153] 王国艳. 关于农村户用沼气建设中存在的问题及整改措施

[J]. 农业开发与装备, 2014 (01): 90.

[154] 刘叶志, 余飞虹. 户用沼气利用的能源替代效益评价 [J]. 内蒙古农业大学学报 (社会科学版), 2009, 11 (01): 105-107.

[155] 刘萧凌. 辉县市农村户用沼气池利用效益评价研究 [D]. 雅安: 四川农业大学, 2012.

[156] 侯利芳. 阳城县以沼气为核心的循环农业模式探讨 [J]. 农业工程技术 (新能源产业), 2014 (01): 11-13.

[157] 刘黎娜, 王效华. 沼气生态农业模式的生命周期评价 [J]. 中国沼气, 2008 (02): 17-20, 24.

[158] 张田英. 以沼气为纽带的循环型生态农业发展模式研究——以陕南为例 [J]. 安徽农业科学, 2012, 40 (31): 15395-15397.

[159] 吴明涛. 基于沼气资源开发的西部农村循环经济发展模式探讨 [D]. 成都: 电子科技大学, 2008.

[160] 国家发展改革委农村经济司. 优化项目结构、创新管理方式、大力发展农村沼气 [J]. 中国经贸导刊, 2013 (22): 47-49.

[161] 章恬. 中国生物质能开发利用的政策法律研究 [D]. 北京: 中国地质大学 (北京), 2013.

[162] 吴进, 等. 浅议中国农村沼气供给侧改革 [J]. 中国农学通报, 2016, 32 (35): 222-226.

[163] 李梅华. 政府资金投入对农村户用沼气工程建设的影响 [J]. 中国沼气, 2017, 35 (03): 85-87.

[164] 阳斌. 当代中国公共产品供给机制研究 [M]. 北京: 中

央编译出版社, 2012.

[165] 马静. 基于 PPP 模式的我国农村环境治理的研究 [D]. 天津: 天津商业大学, 2011.

[166] 温振伟. XBRL 环境下连续审计实现模式研究 [D]. 长沙: 湖南大学, 2008.

[167] 白艳伟. DF 多功能沼气服务车竞争战略研究 [D]. 武汉: 武汉理工大学, 2009.

[168] 邱坤. 农村养殖发展沼气的政策资金支持 [J]. 农村养殖技术, 2011 (16): 10.

[169] 王益谦. 统筹城乡环境保护的思考 [J]. 中国发展, 2008, 8 (04): 10-16.

[170] 孙建军. 我国基本公共服务均等化供给政策研究 [D]. 杭州: 浙江大学, 2011.

[171] 朱智超, 张漫. 低碳农业研究综述 [J]. 安徽农业科学, 2013, 41 (12): 5 518-5 520.

[172] 李红梅, 傅新红, 吴秀敏. 农户安全施用农药的意愿及其影响因素研究——对四川省广汉市 214 户农户的调查与分析 [J]. 农业技术经济, 2007 (05): 99-104.

[173] 周婷婷, 李布青, 朱丽君, 等. 对农村沼气可持续发展的思考 [J]. 农业工程技术 (新能源产业), 2010 (02): 18-21.

[174] 蔡锐. 宁波海曙保安公司经营者激励与约束机制研究 [D]. 兰州: 兰州大学, 2010.

[175] SINHA C S. Techno-economics of selected energy technologies and a model for their optimal integration in rural areas [D]. New

Delhi: Indian Institute of Technology, 1990.

[176] MATTHEW O ILORIN, SUNDAY A ADEBUSOYE, A K LAWAL, et al. Production of Biogas from Banana and Plantain Peels [J]. Advances in Environmental Biology, 2007, 1 (01): 33-38.

[177] MIKAEL LANTZ, MATTIAS SVENSSION. The prospects for an expansion of biogas systems in Sweden-Incentives, barriers and potentials [J]. Energy Policy, 2007, 35(03): 1830-1843.

[178] AGENSS GODFREY MWAKAJE. Diary farming and biogas use in Rungwe district, south-west Tanzania: A study of opportunities and constraints [J]. Renewable and Sustainable energy Reviews, 2008 (12): 2240-2252.

[179] JECINTA W MWIRIGI, PAUL M MAKENZI, WASHINGTON O OCHOLA. Socio-economic constraints to adoption and sustainability of biogas technology by farmers in Nauru Districts, Kenya [J]. Energy for Sustainable Development, 2009, 13 (02): 106-115.

[180] RAJEEB, SUMIT BARAL, SUNIL HEART. Biogas as a sustainable energy source in Nepal: Present status and future challenges [J]. Renewable and sustainable energy reviews, 2009, 13 (01): 248-252.

[181] HARIKATUWAL, ALOK K. BOHARA. Biogas: A promising renewable technology and its impact on rural households in Nepal [J]. Renew and Sustainable energy Reviews, 2009, 13 (09): 2668-2674.

[182] VESA ASIKAINEN. Environmental Impact of Household Biagas Plants in India: Local and Global Perspective [D]. University of Jyvaskyla, 2004.

附录

附录 1：调查问卷

农村沼气调查问卷

尊敬的村民朋友：

您好！ 为了了解农村沼气发展现状以及农户对农村沼气发展的认知，特组织开展了此次调研。 问卷以无记名形式开展并仅限于学术研究，我们对所调查的内容将严格保密，请如实填写。 感谢您的支持！

调查地点：_____市（州）_____县（区、市）

_____乡（镇）_____村（组）

调查日期：_____年___月___日

问卷编号：_____

第一部分：基本情况

1．性别：A．男　B．女

2．年龄：_____岁

3．受教育程度：A．小学及以下　B．初中　C．高中　D．大专及以上

4．家庭总人口数_____人。其中，劳动力数（年龄16~60岁）_____；非农就业人口数_____；外出务工人数（常年外出时间在3个月以上）_____

5．家庭总收入合计_____元。其中，纯务农收入_____元（种植业_____元，养殖业_____元）；外出务工收入_____元；政府惠农补贴_____元

6．家庭承包地面积_____亩。其中，耕地_____亩；园地_____亩；自己耕种_____亩；流转出_____亩

7．牲畜存栏量_____头；家禽存栏量_____只；生猪年出栏数_____头

8．目前主要使用的生活燃料：

A．薪柴　B．电　C．天然气　D．沼气　E．煤　F．煤气罐　G．其他

9．您家的秸秆目前如何处理：

A．还田　B．露天焚烧　C．家用燃料　D．生产沼气　E．出售　F．其他

10．您家有安装天然气吗？A．有　B．没有

第二部分:农村沼气建设及使用情况

1.建池时间:＿＿＿年;建池容积:＿＿＿ 立方米;正常使用天数约＿＿＿天/年

2.您家建池材料: A.砖混 B.混凝土整体浇筑 C.玻璃钢构造 D.新型软体 E.预制大板+固化土结构 F.其他(请注明:＿＿＿)

3.您家建池总投入＿＿＿元;其中,政府补助＿＿＿元;农户自筹＿＿＿元;银行贷款＿＿＿元

4.您家是否进行了改圈、改厕、改厨: A.是 B.否

5.您家沼气池是谁负责修建: A.自己 B.亲友 C.沼气服务公司 D.乡镇技术人员 E.其他

6.您家沼气池主要由谁来维护: A.自己 B.沼气服务网点 C.沼气协会 D.沼气服务公司 E.其他

7.您建沼气池的主要原因: A.政府安排 B.亲邻家示范带动 C.补贴政策吸引 D.自愿

8.您家沼气池的原材料主要是: A.人畜禽粪便 B.生活污水 C.农作物秸秆 D.其他

9.您家沼气池原料来源渠道主要是: A.全部自家提供 B.自家提供与部分购买

10.您家产生的沼气主要用于: A.煮饭 B.照明 C.取暖 D.洗澡 E.其他

11.您如何处理沼液、沼渣: A.丢弃 B.自己使用 C.交给专门机构回收 E.其他

12. 您家沼气池使用情况：A. 每天都要用　B. 经常使用（每周4天以上）　C. 偶尔使用（每周4天以下）　D. 已废弃不用（请注明原因：_____）

13. 目前影响您不经常使用沼气的原因：A. 在家人口少　B. 商品能源替代（如电、天然气等更方便）　C. 禽畜数量减少　D. 建后管护费用高　E. 出现故障维修麻烦　F. 其他（请注明：_____）

14. 您认为建设沼气池带来的好处有哪些：A. 节约燃料费　B. 减少化肥农药使用费用　C. 综合利用带动种养业增收　D. 改善自家的生活环境　E. 节约了做饭时间

15. 您使用沼气面临的主要困难是：A. 原材料不足　B. 劳力缺乏　C. 技术问题　D. 维护成本高

16. 沼气池出问题能接受维护费用：A. 50元以下　B. 50~100元　C. 100~200元　D. 200元以上

17. 您参加过哪些有关沼气方面的培训？　A. 没有参加过　B. 安全使用　C. 日常维护　D. 综合利用

18. 您了解农村沼气信息的渠道是：A. 政府宣传　B. 亲友告知　C. 新闻媒体　D. 培训讲座　E. 其他

19. 如果没有政府补贴，您是否愿意修建沼气池：A. 愿意　B. 不愿意

20. 您对农村沼气发展的现行政策满意吗？　A. 满意　B. 不满意

21. 您认为现行政策还需要在哪些方面进行改进：A. 补贴标准　B. 补贴方式　C. 后续服务　D. 技术培训　E. 贷款政策　F. 其他（请注明：_____）

第三部分：对农村沼气发展的评价

填写说明：1~5 表示从"完全不赞同"到"完全赞同"过渡，数值越大表示您对相应题目认同度越高。请根据以下陈述做出判断，并在对应栏目数字上打"√"（1＝完全不赞同；2＝不太赞同；3＝一般；4＝比较赞同；5＝完全赞同）。

题目	完全不赞同	不太赞同	一般	比较赞同	完全赞同
1.政府十分重视当地农村沼气有关项目实施	1	2	3	4	5
2.政府通过多种形式积极宣传发展农村沼气重要性	1	2	3	4	5
3.政府十分重视用气安全培训教育	1	2	3	4	5
4.政府在项目村的选择上比较合理	1	2	3	4	5
5.政府补贴资金都能及时兑现	1	2	3	4	5
6.施工人员都能持证上岗	1	2	3	4	5
7.管线灶具安装比较科学	1	2	3	4	5
8.沼气建设有关情况能及时在村务公开栏进行公示	1	2	3	4	5
9.我对建沼气池的有关政策比较了解	1	2	3	4	5
10.我对补贴标准比较满意	1	2	3	4	5
11.我对补贴发放时间比较满意	1	2	3	4	5
12.我对补贴发放方式比较满意	1	2	3	4	5
13.我对沼气配套设备质量安全比较放心	1	2	3	4	5
14.我对沼气使用技术及安全性能比较了解	1	2	3	4	5
15.我对农村能源办公室工作人员服务比较满意	1	2	3	4	5
16.我周边有相应的沼气服务网点	1	2	3	4	5
17.我有沼气服务人员的联系方式	1	2	3	4	5
18.我对沼气服务网点的服务比较满意	1	2	3	4	5

题目	完全不赞同	不太赞同	一般	比较赞同	完全赞同
19.我希望政府能提供后续管护服务支持	1	2	3	4	5
20.我因沼气的使用节约了燃料费	1	2	3	4	5
21.我因沼气的使用增加了收入	1	2	3	4	5
22.我因沼气的使用减少了做饭时间	1	2	3	4	5
23.我因沼液沼渣的利用提高了农产品质量	1	2	3	4	5
24.我因沼气的使用改善了家庭卫生条件	1	2	3	4	5
25.我认为发展沼气可以改善农村环境	1	2	3	4	5
26.我十分看好农村沼气的发展前景	1	2	3	4	5
27.我认为政府应继续加大对农村沼气补贴力度	1	2	3	4	5
28.我没有听说过沼气大回访或入户检查制度	1	2	3	4	5
29.我看不懂沼气使用手册	1	2	3	4	5
30.我愿意继续使用沼气	1	2	3	4	5

访问到此结束，再次感谢您的参与！

附录 2：调查实录

调查点一

该乡管辖四个村以及两个社区。 2012 年，该乡年末人口总数为 24 192 人，其中农业人口数为 22 156 人，农业总户数为 6 585 户，年末劳动力人数为 17 837 人，其中外出务工人数为 9 216 人；年末生猪出栏数为 34 027 头，全乡农民人均纯收入为 10 943 元。 该村 2007 年开始承担农村沼气国债项目建设，已建沼气池为 1 833 口，其中因为高速公路修建时炸药损毁约 100 口，实际为 1 720 口，占农户总数的 26.1%，占适宜农户的 71%。

农村沼气发展中存在的问题：①由于实行集中采购，存在沼气灶具管线等配套产品供应不及时，甚至沼气池打好了但灶具未到等现象；由于长途运输导致部分产品到达时就已经损毁；而且同一品牌如果当地政府自己联系公司的价格与集中采购价格相比，可以便宜几十元。 ②地方政府要求新建池农户需要按照 70% 的比例推广全玻璃钢或者半玻璃钢，优点是免维护、防渗漏，但由于玻璃钢成本高，全玻璃钢出厂价为 3 000 元，半玻璃钢约 1 000 元，而且按照理论生产，该气箱仅能储气约 1 立方米，而且大出料困难，因而农户更愿意选择砖混结构。 ③按照 500 口沼气池配备一个物管员计算，至少需要 3~4 个物管员，按照每人每月 3 000 元工资计算，再加上保险等其他开销，地方财政难以负担。 因而该乡选择成立了农村沼气合作社，每个村配备一个沼气物管员，基本工资为400元/月。 通过与签订物管协议和安全协议；每户交36元/年就可以加入协会，入社自愿，对于本协会成员，物管员提供免费的上门服务，如果更换零配件则按成本价收费，非会员一般上门服务费每次收费20~30元。④安全警示牌设计不合理，警示牌上留的是区政府办公室的监督电话，而不是负责维修服务的就近物管站电话，导致农户无法获得及时有效服务。 ⑤大部分农村沼气池急需进行全面清掏。 按照两年大出料要求，必须由村上专业的技工进池进行检查或者请物管员进行指导，但农户一般选择自己清掏或者请一个人帮忙，容易导致安全事故发生，大出料按照2013年市场价格需要600元左右，农户普遍反映希望能得到政府后续补贴。 ⑥天然气进村入户时每户缴纳5 500元，然后按照农户实际用气计算，收费标准为1.9元/立方米，一般农户生活用能大概为30~50元/月。 用气高峰时农户用气紧张，而且距离供气点较远的农户由于天然气压力不够，天然气使用效果不佳。 ⑦由于养猪少以及外出务工后家庭劳力缺乏，农户建池意愿降低，上级下达的建池任务完成困难。 比如某社区，由社区额外给予农户补贴1 000元也无人愿意打理沼气池，但农户对新村联户沼气工程建设比较感兴趣，而且表示如果农村沼气集中供气点能像天然气一样有保障也愿意加入使用。 ⑧沼气服务网点配备的抽渣泵太重，不适合山区使用；抽渣车等其他设备也大部分闲置。 一般5月至8月不准清掏，农户可以选择1月至4月或者9月至12月，尤其是2月份清掏最佳，抽出粪渣堆沤后可以作为春季作物施用。⑨在综合利用方面，沼液可以喂猪、喂鱼、浸种，还可以作为有机肥料，老窖酒业公司与部分农户签订协议，建立有机原料供应基地，公司对施用沼液沼渣种植有机高粱的农户进行补助，并在收购价格上体现有机高粱的价值。

调查点二

该村面积 8 平方千米，人口总数为 3 950 人，外出务工人员占总人数的 35%，农户总户数为 1 163 户，已建农村沼气池 420 口。 目前该村主要种植花椒 3 000 亩、龙眼 700 亩、红粮 1 300 亩；2012 年该村实现农民人均纯收入约 11 116 元。 该村是全乡最早实施农村沼气国债项目的村，并成立了沼气物业安全管理协会，以村支部书记为会长，村主任为副会长，村委会其他同志及村民小组长为成员。由村民小组长到沼气建设户做宣传员，与农户签订物业服务协议书，并收取 2~3 元/月的物业管理费，物管费由村委统一收支管理，聘请本村有沼气生产资质证的技术人员为物管员，每月支付沼气物管员 400 元的务工补助，物管员按照沼气物业管理协议，负责对参加沼气物业管理协会的所有农户沼气池进行日常安全管理、维护与维修以及沼气安全使用知识的宣传等工作。

该村目前存在的问题：①由于外出务工人员比较多，畜禽养殖农户大幅度减少，原材料短缺严重；②由于大部分农村沼气池建池年限比较长，应该进行清掏，但由于请专业的技术工人清掏的劳力成本高，农户不愿意投入太多资金和精力进行管护；③天然气管道已铺设到该村，部分建池农户转而选择安装天然气，农村沼气使用率有下降趋势。

调查点三

访谈要点：①培训走形式，培训内容过于理论，不接地气。

②试点沼气保险：农户缴纳 5 元，政府补贴 15 元。 ③探讨清池补贴：2012 年为 300 元/口；2013 年政府补助 100 元/口。 正常清池一般需要三个人，按照每人 200 元计算，总共需要支出 600 元。 ④个别地方政府为了完成任务，有违规操作现象，本应按户补助但实际按口补助，比如某一家农户修建两口沼气池也可以同时获得补助。 ⑤沼气办下设沼气服务公司，技工与服务公司签合同。 物管员负责贴安全警示牌、发放挂图以及农村户用沼气池出料须知等，物管员待遇为：区财政补助 10 元/口；镇补助 10 元；也就是物管员每年可以获得 20 元/口工作津贴。 ⑥由于交通制约，沼气服务网点装备难以派上用场。 ⑦沼气工人属于弱势群体，在沼气事业上奋斗一辈子，但老无所依，希望能解决养老保险问题。

调查点四

访谈要点：①发改委只负责项目引进，农业局、农村能源办公室等部门相关工作难推进，呼吁发改委、林业局（退耕办）、工商、环保等部门应加强合作。 ②2 009 年以前整村推进，现在有选择性推进尤其是考虑在经济条件好的地方进行，但事实上在经济落后地区农户建池更需要得到政府补助。 ③不同项目补助标准不一，农户意见大。 ④政府补贴标准低，待建农户自筹压力大。 当地的平均建池成本：4 500~5 000 元/口。 其中，砖混为 3 500~4 500 元，玻璃钢为 5 000~6 000 元。 ⑤应借鉴发达国家经验，改变事前补助方式，注重事后补助。 目前部分地区试点对农户进行清掏补助，但地方财政压力比较大。 ⑥项目推进难度大。 山区农户习惯以薪材为生活能源，农户建池积极性不高；江阳、龙马潭、纳溪、泸县、合江等区县多数乡镇农村住户天然气发展迅速，压缩了农村沼气发展空间；加上江阳、龙马潭两区已达到沼气化县（区）标准，沼气发展空间已非常小，造成全市农村沼气项目建设难度进一步加大。⑦由于近年建池数量仅达高峰期的四分之一，工作量少，收入无保障，而且建池农户分散，误工时间多，按照容积计酬，收入更少；同时，务工工资近几年增长幅度较大，收入差距拉大。由于网点服务人员基本收入得不到保障，大量的农民沼气生产工离开沼气队伍外出打工，从事沼气建后管理服务的人员更少，数量严重不足；同时，没有政府进一步的资金投入，农户购买服务的意识淡薄，网点无资金支付人员工资以及无资金购买沼气配件，无力维持网点的正常运转。

调查点五

该村以养猪、种植茶叶为主，外出务工人员比较少。①该村农户普遍反映，农户建池主要出于养猪比较多，方便自家解决畜禽粪便问题，大部分都是自发自愿建池，附近没有专业的农村沼气服务网点，主要靠自己进行维护管理，出问题找本村懂维修的人员上门服务。②在沼液沼渣利用上不理想，由于不懂如何使用，部分农户直接用于冲茶，结果导致茶根受损，后来农户大多选择偷排，只有部分农户知道沼液应稀释后才可以冲茶或者沼渣经过堆沤存放一段时间以后才可以直接使用。③大部分农户养殖规模在 20~50 头，粪便充足原材料过剩，一般能正常产气 300 天以上。④该村有 19 户汉源移民家庭，由政府统一建设沼气池并交付使用，但移民户养猪少，沼气池使用效果不佳。⑤该村交通相对比较方便，在公路边上，即将安装天然气，但农户普遍反映，即便有天然气供应也无法替代沼气，毕竟沼气建好后用气不用花钱，天然气更多是备用。
⑥农户普遍反映灶具、管线等质量比较差，建池补贴兑现时间晚。
⑦部分小型养殖户建池意愿强烈，但普遍反映政府规定的可以享受
补贴的建池面积无法满足实际需要。

调查点六

截至 2012 年年底，该地区农户总数为 68.303 8 万户，适宜建设
沼气池农户总数为 27.321 5 万户，占农户总数的 40%；建设并正常使
用户用沼气池约 24.842 万户，占适宜户数的 91%。

（1）适宜建池农户减少。 主要原因如下：经济条件好的农户使
用更便捷的生活能源，如电、液化气；场镇周边农户，养猪较少，
缺乏粪源；边远山区农户地势条件差，无闲置土地建池或地下岩石多
开挖基坑困难；青壮年外出务工多，留守老人和小孩投工投劳困难。

（2）物资到位迟。 由于项目资金下达较迟以及国债和退耕还林
项目所需配套物资皆需由国家统一招标采购，物资不能及时到位，
将直接影响项目的实施和进度，甚至间接形成安全隐患。 由于没有
管件和气压表，完工的沼气池无法进行试水水压检验，无法确定建
池质量好坏。 采购物资的缺乏为沼气池的施工带来了很大难度；同
时，也增加了广大群众的抵触情绪。

（3）项目下达时间不合理。 按照项目管理要求，在项目下达
后，各项目县需要编制实施方案，经有关部门核准后动工建设，省
级项目在落实市财政配套资金时，又需要一定时间，因此严重耽搁
了项目建设工期。

（4）农户筹资难度加大。 受市场建材涨价、运输费用增加和技
工工资上涨的"三重"要素影响，建设一口玻璃钢沼气池需要投入

建设成本 4 500 元，较去年增加 700 元，而现行财政补贴 2 000 元的标准较建设成本明显偏低，存在农户筹资难度增加的问题。由于项目资金到位较迟，各地项目农户或技工队伍都只能垫资购买有关主要建池材料，这也严重影响了农户建池的积极性。

（5）项目补助标准不统一。国债项目补助标准为 2 000 元/口；退耕还林项目补助标准为 1 500 元/口；省级项目扩权县补助为 1 200 元/口，要求县级财政配套 300 元/口，非扩权县 1 000 元/口，要求市、县配套 500 元/口。同时实施多个项目，但补助标准不统一且差距大，对于项目宣传、推广等都存在极大影响。

（6）已建设农村沼气服务网点 304 个，从业人员 445 人；主要采取政府搭台、有偿服务的方式，国家对每个农村沼气服务网点建设补贴 4.5 万元/个；但很多网点存在经营差、难以维持的情况。

（7）新村联户沼气工程建设情况。2012 年，全省开始试点实施新村联户沼气工程，乐山市犍为县被列入首批项目县；2013 年五通桥、井研县、峨眉山、夹江县被列入新村联户沼气工程试点。其中，犍为县新村联户沼气工程项目建设情况如下：该项目计划总投资 63 万元，其中省级财政补助 50 万元、县财政配套 8 万元、农户自筹 5 万元。建设主发酵池容积为 500 立方米，建设生活污水净化沼气池容积为 50 立方米，建设沼液储存池容积为 20 立方米，计划日平均产沼气 100 立方米，总供气户数为 100 户。该工程于 2013 年 5 月 27 日开工，目前已完成 500 立方米主发酵池、50 立方米生活污水净化沼气池、20 立方米沼液储存池的主体建设，计划 9 月底将全面完工。

附录 3：政府文件

农村沼气建设国债项目管理办法（试行）

第一章　总则

第一条　为加强农村沼气国债项目（以下简称"农村沼气项目"）的管理，规范项目建设行为，使项目达到预期的生态、经济和社会效益，根据《国务院办公厅关于加强基础设施工程质量管理的通知》（国办发〔1999〕16号）和基本建设管理的要求，特制定本办法。

第二条　农村沼气项目应紧密围绕生态环境建设、改善农村生产生活条件，坚持进村入户，优化农村能源结构，促进农业增效、农民增收和生态良性循环，推进农村小康建设。

第三条　农村沼气项目建设必须坚持突出重点、集中连片的原则。　项目建设主要安排中西部地区，重点在西部地区，并与退耕还林还草相结合。　在退耕还林还草地区，只要具备沼气建设的相关条件，在项目的安排上应予优先考虑。　项目安排要集中建设形成规模，沼气项目户的安排要相对集中，项目村（自然屯）的项目户要达到80%以上。

第四条　农村沼气项目建设必须坚持因地制宜、量力而行的原则。　项目区要有传统的养殖习惯，要有一定的工作基础。　项目户建设数量要与当地的专业技术队伍数量和服务能力相匹配。　要遵循自然规律，北方寒冷地区发展沼气应采取保温或增温措施。

第五条　农村沼气项目建设必须坚持政府引导，农民自愿的原则。必须加强领导，建立合理的投资机制，发挥国家、集体、农民等各方面的积极性。要尊重农民的意愿，充分考虑农民的资金投入能力，不能搞强迫命令和一刀切。

第六条　农村沼气项目建设必须坚持保证质量、安全生产的原则。坚持两个必须，即沼气建设必须实行标准化和专业化施工，施工人员必须持有沼气生产工国家职业资格证书，实施就业准入制度。

第七条　农村沼气项目建设必须坚持技术规范、综合建设的原则。要按照规范设计沼气池建设与改厕、改圈、改厨（以下简称"一池三改"）同步进行，鼓励与改路、改水相结合，营造生态家园，使建池农户获得综合效益。

第二章　建设内容与补助标准

第八条　农村沼气项目以"一池三改"为基本单元，即户用沼气池建设与改圈、改厕和改厨同步设计、同步施工。

第九条　"一池三改"的基本要求：

（一）沼气池。建设容积为8立方米左右，重点推广"常规水压型""曲流布料型""强回流型""旋流布料型"等池型，每种池型均要实现自动进料、并应配备自动或半自动的出料装置。

（二）改圈。圈舍要与沼气池相连，水泥地面，混凝土预制板圈顶。北方地区要建成太阳能暖圈，并采取保温措施。

（三）改厕。厕所与圈舍一体建设，与沼气池相连。厕所内要安装蹲便器。

（四）改厨。厨房内的沼气灶具、沼气调控净化器、输气管道等安装要符合相关的技术标准和规范。厨房内炉灶、厨柜、水池等布局要合理，室内灶台砖垒，台面贴瓷砖，地面要硬化。

第十条　一个"一池三改"基本建设单元，中央投资补助标准为：西北、东北地区每户补助 1 200 元，西南地区每户补助 1 000 元，其他地区每户补助 800 元。补助对象为项目区建池农户。

第十一条　中央投资主要用于购置水泥等主要建材，沼气灶具及配件等关键设备，以及支付技术人员工资等。

第十二条　要因地制宜地引导开展以沼气为纽带的"四位一体""猪沼果"和"五配套"等生态家园模式建设，推广沼气综合利用技术，帮助建池农户取得综合效益。

第三章　申报与下达

第十三条　申请农村沼气项目建设的县要具有沼气生产技术力量，每个项目县持有"沼气生产工"国家职业资格证书的技术人员不少于 20 人。

第十四条　项目区农民应有养殖习惯，项目村 70%以上的农户应有一定的养殖业规模，每户存栏不少于 3 头猪单位。

第十五条　当地农民应有发展沼气的积极性，拟建项目户必须主动申请，并有完成项目建设的资金自筹能力。

第十六条　当地政府具有相应的资金配套能力。申报项目时，地方政府的财政或计划部门要出具配套资金承诺证明。

第十七条　各级农村能源主管部门负责沼气项目的组织实施和建设管理工作，各级计划部门负责沼气项目投资计划的审核和监督检查。

第十八条　各省农村能源主管部门负责编制本省的项目可行性研究报告。项目可行性研究报告应组织专业技术人员编写，必须对拟上报项目进行实地调查研究，落实到具体的县、乡、村、户，对项目必要性与可行性、项目建设方案与内容、投资筹措、组织与管理等进行实事求是的研究与分析。

第十九条　项目可行性研究报告由各省农村能源主管部门会同省发展计划部门编省农村能源主管部门文号联合上报农业部、国家发展和改革委员会。农业部负责对项目可行性研究报告进行批复。

第二十条　国家发展和改革委员会将投资计划下达到农业部后，由农业部负责编制年度投资计划安排方案，报国家发展和改革委员会审定后，由农业部行文会同国家发展和改革委员会联合下达各地。

第二十一条　对已下达的项目，不得随意调整建设内容、建设标准、建设规模和建设地点等，如确需进行调整，必须由省（自治区、直辖市、计划单列市）农村能源主管部门会同省发展计划部门具体审核后提出申请，报原批准部门审批。

第四章　组织实施

第二十二条　农村沼气项目的建设与管理要建立行政领导责任人制度。要明确分工，一级向一级负责，逐级落实责任。各级农村能源主管部门要加强对项目的经常性监督管理，监督项目资金使用、招标采购、施工建设等，保证建设质量和中央资金足额补助到农户。

第二十三条　农村沼气项目的建设与管理实行项目法人责任制。各项目县农村能源推广管理机构为项目法人。项目法人对本县项目的申报、建设实施、资金管理及建成后的运行管理等全过程负责。对建设质量负终身责任。对于项目管理制度不健全、财务管理混乱、建设质量存在严重问题等，要追究项目法定代表人的责任。

第二十四条　农村沼气项目建设必须执行相关国家或行业标准，具体包括：《农村家用水压式沼气池标准图集》（GB/T4750—2002）、《农村水压式沼气池质量检查验收标准》（GB/T4751—2002）、《农村家用水压式沼气池施工操作规程》（GB/T4752—2002）、《农村家用沼气管路设计规范》（GB/T7636—87）、《农村家用沼气管路施工安装操作规程》（GB/T7637—87）、《农村家用沼气发酵工艺规程》（GB/T9958—88）、《家用沼气灶》（GB/T3606—83），以及《沼气生产工国家职业标准》等。各地要严格按照这些规程和标准，逐村调研，逐户设计，统一施工。

第二十五条　农村沼气项目建设实行职业准入制度。从事沼气池建设的施工人员必须获得"沼气生产工"国家职业资格证书，持证上岗。要组织专业队承包建设，按合同管理，施工队要包建设、包质量、包建后服务。各地的建设任务要与沼气生产工数量相匹配。

第二十六条　对户用沼气灶具及配件等关键设备和项目建设需要的水泥等主要原材料，进行公开招标采购。招投标活动要严格按照《中华人民共和国招投标法》及国家其他有关招投标规定执行。

第二十七条　农村沼气项目要按照国家工程建设监理的有关规定，由有资质的工程监理机构对项目建设进行监理。

第二十八条　项目县农村能源管理部门要加强工程建设的监督管理，要组织专门人员驻村入户，监督工程建设质量，监督中标单位按照合同供应设备和做好售后服务。

第二十九条　农业部制定统一的项目用户档案卡片（见附件），对每个项目的实施过程进行全程跟踪管理。档案卡一式2份，分别由建池农户和县农村能源管理部门保存。

第三十条 项目承担单位必须在建设沼气池的同时，同步在设施上刻上编号、建设时间等永久性标志，编号、建设时间要与建设档案的编号和建设时间相一致，以便核查验收和建后跟踪服务。

第三十一条 加强项目信息化管理。各省每季度末向国家项目管理系统报告项目进展和已完成项目的档案资料。农业部汇总后，在中国农业信息网公布。

第三十二条 所有项目村建立项目公示制度，对建设任务、资金补助、物资分配等情况在村务公开栏中进行公示。

第三十三条 建设项目的设计、施工、技术服务等都要依法订立合同。各类合同都要有明确的质量要求、履约担保和违约处罚条款以及双方明确的权利和义务。

第三十四条 各地可探索实施物业化管理等其他有利于项目质量的管理措施。

第三十五条 各级农村能源管理部门应当加强沼气业务培训工作。要通过沼气技术、项目管理、合同管理、财务管理、招标采购等知识的讲授，进一步提高农村能源系统管理人员特别是县级管理人员的业务素质。充分利用各地的农村能源培训基地，加大技术人员培训和职业技能鉴定工作力度，满足沼气建设发展需要。要利用广播、电视、现场演示、发放科普材料等形式，让沼气户熟练掌握沼气池维护管理和综合利用技术，提高沼气池的使用寿命和综合效益。

第三十六条 农村沼气项目资金应设专账管理，专款专用，任何单位和个人不得截留、挪用。

第五章　检查验收

第三十七条　各级发展计划部门要加强对项目的中央补助资金到位及使用情况等的督查。

第三十八条　农业部沼气产品及设备监督检验测试中心和各分中心，负责对项目区的沼气池运行情况、沼气灶具和配套产品的技术指标进行定期抽检，每年项目县抽检率不少于10%，每季度提交抽检报告。

第三十九条　农业部和各省要设立举报电话，接受公众对项目建设过程中的各种违规问题的检举揭发，并奖励举报有功人员，及时查处项目建设过程中的各种违规问题。

第四十条　通过检查或审计，对项目管理和实施工作成效突出的省份，在下一年度投资中予以倾斜。对于发现问题的省份，将向农村能源主管部门发出整改通知，提出整改要求和追究有关责任人责任的建议。农业部将根据问题的严重程度和整改情况等，给予通报批评、减少下一年度项目安排规模直至停止该省1~3年新上项目的处罚。

第四十一条　省级农村能源主管部门负责组织沼气项目竣工验收工作。验收以县为单位，严格按照批复的可研报告、项目计划文件、建设标准、技术规范、施工合同等进行。验收要在村级项目建设任务完成后3个月内组织进行，并形成验收报告，报农业部、国家发展和改革委员会备案。农业部、国家发展和改革委员会组织抽验。

第六章　附则

第四十二条　本办法自发布之日起实施。

第四十三条　本办法由农业部负责解释。

农村沼气工程建设管理办法(试行)

第一章　总则

第一条　为加强农村沼气工程建设管理，根据《中央预算内投资补助和贴息项目管理办法》(国家发展改革委第3号令)、《关于将廉租住房等31类点多面广量大单项资金少的中央预算内投资补助项目交由地方具体安排的通知》(发改投资〔2013〕1238号)等的有关规定和要求，制定本办法。

第二条　本办法适用于中央预算内投资补助建设的规模化大型沼气工程、规模化生物天然气工程。

第三条　各级发展改革部门和农村能源主管部门要按照职能分工，各负其责，密切配合，加强对工程建设管理的组织、指导和协调，共同做好工程建设管理的各项工作，确保发挥中央投资效益。

发展改革部门负责农村沼气建设规划衔接平衡；联合农村能源主管部门，做好年度投资计划申报、审核和下达，监督检查投资计划执行和项目实施情况。

农村能源主管部门负责农村沼气建设规划编制、行业审核、行业管理和监督检查等工作，具体组织和指导项目实施。

第四条　在农村沼气建设和运行过程中应牢固树立"安全第一、预防为主"的意识，落实安全生产责任制，科学规范操作，确保安全生产。

第二章　项目申报和投资计划管理

第五条　申请中央预算内投资补助的规模化大型沼气工程和规

模化生物天然气工程，应符合国家发展改革委和农业部编制的农村沼气工程有关规划、工作方案和申报通知的要求，落实备案、土地、规划、环评、能评、资金、安评等前期工作，确保当年能开工建设。已经获得中央财政投资或其他部门支持的项目不得重复申报，已经申报国家发展改革委其他专项或国家其他部门的项目不得多头申报。

第六条　规模化大型沼气工程，项目单位在落实前期工作后，根据工作方案提出资金申请，其资金申请的批复程序和要求等由省级发展改革部门商省级农村能源主管部门制定。

第七条　规模化生物天然气工程，在试点阶段，应由项目单位委托农业或环境工程设计甲级资质的咨询设计单位编制项目资金申请报告，报送省级发展改革部门审批，审批前应由省级农村能源主管部门出具行业审查意见。农业部成立专家委员会，提供技术指导。省级发展改革部门会同农村能源主管部门，根据项目单位报送的资金申请报告，开展实地调查，择优选取试点项目，在此基础上编制项目试点方案。

第八条　各地发展改革和农村能源主管部门应当对项目资金申请是否符合中央预算内投资使用方向和有关规定、是否符合工作方案或申报通知要求、是否符合投资补助的安排原则、项目前期工作是否落实等进行严格审查，并对审查结果和申报材料的真实性、合规性负责。要加强项目统筹，突出重点，确保申报项目质量。

第九条　省级发展改革部门会同农村能源主管部门编制本省农村沼气工程年度投资建议计划，联合报送至国家发展改革委和农业部。在试点阶段，申报规模化生物天然气工程试点项目的省份，一并报送项目试点方案，试点方案中要包含项目资金申请报告。

第十条 国家发展改革委会同农业部对各省报送的建议计划和项目试点方案进行审核，经综合平衡后，编制农村沼气工程年度投资计划并联合下达。

第十一条 省级发展改革部门和农村能源主管部门要在接到中央投资规模计划后 20 个工作日内，分解落实到具体项目并下达投资计划，明确项目建设地点、建设内容、建设工期及有关工作要求，确保项目按计划实施，并将分解的投资计划报国家发展改革委和农业部备核。 凡安排中央预算内投资的项目，必须完成资金申请审批工作，可单独批复或者在下达投资计划的同时一并批复。

第十二条 投资计划一经下达，应严格执行。 项目实施过程中确需调整的，由省级发展改革委会同农村能源主管部门做出调整决定。 调整后拟安排中央补助资金的项目，要符合农村沼气工程中央投资支持范围，且要严格执行国家明确的投资补助标准，并报国家发展改革委和农业部备核。 在试点阶段，规模化生物天然气工程报请国家发展改革委和农业部做出调整决定。

第十三条 按照政府信息公开要求，凡安排中央预算内投资的项目，各省应在政府网站上公开项目名称、项目建设单位、建设地点、建设内容等信息。 凡申报项目的单位，视同同意公开项目信息。 不同意公开相关信息的项目，请勿组织申报。

第三章 资金管理

第十四条 对于符合条件的规模化大型沼气工程和规模化生物天然气工程，按照规定的中央投资标准进行投资补助，其余资金由企业自筹解决。 鼓励地方安排资金配套。 对中央补助投资项目给予资金配套的地区，中央将加大支持力度。

第十五条　严格执行中央预算内投资管理的有关规定，切实加强资金和项目实施管理。对于中央补助投资，要做到专户管理，独立核算，专款专用，严禁滞留、挪用。

第十六条　推行资金管理报账制，根据项目实施进度拨付资金。对于已完成项目前期工作且自筹资金30%到位的项目，方可申请中央投资；工程竣工验收后申请最终20%中央投资。

第四章　组织实施

第十七条　鼓励各地在地方资金中安排部分工作经费，用于农村沼气工程的项目组织、审查论证、监督检查、技术指导、竣工验收和宣传培训等。

第十八条　项目实施要严格执行基本建设程序，落实项目法人责任制、招标投标制、建设监理制和合同管理制，确保工程质量和安全。

第十九条　农村沼气工程设计和建筑施工应严格执行国家、行业或地方标准，规范建设行为。规模化大型沼气工程的设计和施工单位应具备相应的资质。规模化生物天然气工程的施工单位原则上应具备环境工程专业承包一级资质。

第二十条　省级发展改革部门会同农村能源主管部门制定本省（区、市）的农村沼气工程竣工验收办法，并组织验收工作。项目建设完成后，应按照有关规定及时组织验收，确保验收合格的项目能达到预期效果。对验收不合格的项目，要限期整改。省级验收总结报告报送农业部，国家发展改革委、农业部视情况进行抽查。

第五章　建后管护

第二十一条　项目单位应成立或委托专业化运营机构承担日常维护管理，确保工程安全、稳定、持续运行。要做好必要的原料使用量、沼气沼渣沼液生产量和利用量、工程运营情况等的日常记录，配合当地农村能源主管部门开展技术培训、示范推广和信息搜集，接受行政主管部门在合理期限和范围内的跟踪监管。

第二十二条　农村能源主管部门要加强对项目运行管护的指导和监督，加强对项目单位和工程运行人员的专业技术培训，促进工程良性运行。

第二十三条　工程质量管理按照《建设工程质量管理条例》（国务院令〔2010〕第279号）执行，实行终身负责制，农村沼气工程在合理运行期内，出现重大安全、质量事故的，将倒查责任，严格问责，严肃追究。

第六章　监督管理

第二十四条　省级农村能源主管部门要会同省级发展改革部门全面加强对本省农村沼气工程的监督检查。检查内容包括组织领导、相关管理制度和办法制定、项目进度、工程质量、竣工验收和工程效益发挥情况等。要建立项目信息定期通报制度，对建设进度、质量、效益等进行通报，并将通报内容报送农业部、国家发展改革委，原则上每半年一次，其中规模化生物天然气工程试点项目每月报一次。

第二十五条　省级农村能源主管部门具体负责项目信息的搜集、汇总与报送，并根据有关规定制定农村沼气工程档案管理的具体办法，档案保存年限不得少于工程设计寿命年限。规模化生物天然气工程项目建设要纳入农业建设信息系统管理，及时报送项目建设进度；项目建成后，要接入农业部正在建设的沼气远程在线监测平台。 对于具备条件的规模化沼气工程，可根据需要，纳入农业建设信息系统管理或接入沼气远程在线监测平台。

第二十六条　国家发展改革委和农业部将不定期对项目执行情况进行监督和抽查，或者组织各地交叉检查，并将根据需要开展项目稽查。 检查和稽查结果将作为安排后续年度中央投资的重要依据。

第二十七条　细化责任追究制度，对项目事中事后监管中发现的问题，国家发展改革委和农业部将根据情节轻重采取责令限期整改、通报批评、暂停拨付中央资金、扣减或收回项目资金、列入信用黑名单、一定时期内不再受理其资金申请、追究有关责任人行政或法律责任等处罚措施。 各省也要进一步细化责任追究制度。

第二十八条　国家发展改革委和农业部将根据需要，组织有关专家和机构对项目质量、投资效益等进行后评价，进一步提高项目决策的科学性。 鼓励各省积极开展后评价工作。

第二十九条　由于地方审核项目时把关不严、项目建设中和建成后监管工作不到位等问题，导致出现不能如期完成年度投资计划任务或未实现项目建设目标、频繁调整投资计划且调整范围大项目多等情况，将核减其后续年度投资计划规模。

第七章　附　则

第三十条　本办法由国家发展改革委会同农业部负责解释，农村沼气工程涉及的建设规范和技术标准由农业部组织制定。 各地应根据本办法，结合当地实际，制定实施细则。

第三十一条　本办法自发布之日起施行。 原《农村沼气建设国债项目管理办法（试行）》同时废止。

2015 年农村沼气工程转型升级工作方案

为加快推进农村沼气转型升级，加强农村沼气项目建设管理，经认真研究，制定本工作方案。

一、总体思路、基本原则和预期目标

（一）总体思路

贯彻落实中央关于建设生态文明、做好"三农"工作的总体部署，适应农业生产方式、农村居住方式、农民用能方式的变化对农村沼气发展的新要求，积极发展规模化大型沼气工程，开展规模化生物天然气工程（生物天然气是指沼气提纯后达到天然气标准，即甲烷含量 95% 以上。一般而言，1 立方米沼气提纯后可生产 0.6 立方米左右生物天然气）建设试点，推动农村沼气工程向规模发展、综合利用、科学管理、效益拉动的方向转型升级，全面发挥农村沼气工程在提供可再生清洁能源、防治农业面源污染和大气污染、改善农村人居环境、发展现代生态农业、提高农民生活水平等方面的重要作用，促进沼气事业健康持续发展。

（二）基本原则

1. 坚持发展农村清洁能源与改善农村生态环境相结合。农村沼气综合效益显著，不仅是提供清洁可再生能源的重要方式，而且对于防治农业面源污染和大气污染、改善农村人居环境、发展生态农业等具有重要作用。必须深刻领会农村沼气建设的重要意义，在项目建设和运营时，不仅要重视农村沼气工程的能源效益，促进沼气高值高效利用，而且要重视农村沼气工程的生态效益，促进农业农村废弃物的资源化利用和农村生态环境的改善。

2．坚持统筹兼顾与转型升级相结合。 根据农村沼气发展需要，因地制宜开展农村沼气工程各类项目建设。 鼓励地方政府利用地方资金建设中小型沼气工程、户用沼气、沼气服务体系等。 中央预算内投资突出重点，主要用于支持规模化大型沼气工程建设，开展规模化生物天然气工程建设试点，促进农村沼气工程转型升级。

3．坚持引导沼气工程向规模化发展与科学规划建设布局相结合。 在利用中央投资引导沼气工程向规模化发展的同时，要根据当地经济社会发展水平、农业农村发展情况、资源环境承载能力、沼气工程原料的可获得性、周边农田的消纳能力和终端产品利用渠道，因地制宜、因区施策，科学规划项目建设布局，合理确定区域内规模化大型沼气工程建设数量、建设地点和建设规模。

4．坚持完善政府扶持政策与推进市场化运营相结合。 沼气工程兼有公益性和经营性。 政府对项目建设给予投资补助，加强技术指导和服务，探索完善终端产品补贴政策，逐步破除行业壁垒和体制机制障碍，为沼气工程发展创造良好的环境。 同时要注重更好地发挥市场机制作用，引导企业和农民合作组织等各种社会主体进行规模化沼气工程建设，形成多元化投入机制；推进工程实行专业化管理、市场化运营，不断提高经济效益和可持续发展能力。

5．坚持推广先进工艺技术与强化建设管理相结合。 鼓励规模化大型沼气工程推广中温高浓度混合原料发酵工艺技术路线，采用专业化设施和成套化装备，提高沼气产气率，提升沼渣沼液综合利用的便捷程度和附加值。 严格标准化设计、规范化施工，确保项目建设质量和运行效果。 规范建设程序，强化管理措施，保证项目任务与技术力量相匹配，发展速度与建设质量相协调。 在规范事前审核的同时，切实加强事中事后监管，提高投资效益。

（三）预期目标

2015 年在适宜地区支持建设一批规模化大型沼气工程，开展规模化生物天然气工程建设试点，年可新增沼气生产能力 4.87 亿立方米（折合生物天然气生产能力 2.92 亿立方米），年处理 150 万吨农作物秸秆或 800 万吨畜禽鲜粪等农业有机废弃物。 2015 年促进农村沼气转型升级试点，重点围绕规模化生物天然气工程，综合考虑不同区域特点、不同原料来源、不同建设运营模式等，择优选取典型项目开展试点，在创新项目建设管理机制和运营模式、完善支持政策、破除行业壁垒和体制机制障碍、提高沼气工程科技水平等方面，探索总结有价值、可复制、可推广的经验。

二、项目建设与试点的范围、中央支持政策

（一）项目建设与试点范围

1. 支持建设规模化大型沼气工程。 支持建设日产沼气 500 立方米及以上的沼气工程 ［参照沼气工程规模分类（农业行业标准 NY/T 667-2011），规模化大型沼气项目要求日产沼气量大于等于 500 立方米。］（不含规模化生物天然气工程）。 其中，给农户集中供气的规模化大型沼气工程，可适当考虑由同一业主建设的多个集中供气工程组成。 支持沼气开展给农户供气、发电上网、企业自用等多元化利用。 沼渣沼液用于还田、加工有机肥或开展其他有效利用。

2. 开展规模化生物天然气工程试点。 支持日产生物天然气 1 万

立方米以上的工程开展试点。 提纯后的生物天然气主要用于并入城镇天然气管网、车用燃气、罐装销售等。 沼渣沼液用于还田、加工有机肥或开展其他有效利用。

根据专家意见，日产生物天然气 1 万立方米以上的工程，由于工程规模大，对原料收集、周边农田消纳能力和终端产品利用渠道的要求高，工程能否实现持续良性运营、能否形成可复制的模式还有待检验。 为择优选取试点项目，有利于形成有价值、可推广的经验，有利于用成功的典型来统一认识、争取政策，2015 年将积极稳妥地开展试点，原则上每个省推荐安排 1 个符合条件的试点项目，对于种植业优势产区和规模化养殖重点区域等原料资源丰富、工程需求量大的省份，最多可推荐安排 2 个试点项目。

（二）试点内容

对于规模化生物天然气试点工程，一是开展工程建设和运营机制创新试点，以专业化企业为主体，按照市场机制，投资工程建设，开展原料收集、工程运行管理、终端产品销售利用为一体的全产业链运营，探索可持续、可复制、可推广的生物天然气产业化发展模式。 二是终端产品补贴试点，鼓励有积极性的地方政府，利用地方财政资金，按照生物天然气（沼气）销售量或有效利用量、沼渣沼液利用量或加工成有机肥的数量，对项目业主进行补贴，探索建立生物天然气或沼气工程终端产品补贴机制。 三是破除行业壁垒和体制机制障碍试点，鼓励地方政府比照国产化石天然气，探索制定鼓励生物天然气或沼气产业发展的税收优惠政策；清理和整顿燃气特许经营权市场，为生物天然气或沼气发展创造公平的市场竞争环境。

对于具备条件的规模化大型沼气工程，若项目业主和地方政府有积极性，也鼓励在项目建管模式、工程运营机制、终端产品补贴政策、税收优惠等方面开展试点。

（三）中央支持政策

中央对符合条件的规模化大型沼气工程、规模化生物天然气试点工程予以投资补助。补助标准为：规模化大型沼气工程，每立方米沼气生产能力安排中央投资补助 1 500 元；规模化生物天然气工程试点项目，每立方米生物天然气生产能力安排中央投资补助 2 500 元。其余资金由企业自筹解决，鼓励地方安排资金配套。中央对单个项目的补助额度上限为 5 000 万元。

当地政府已出台沼气或生物天然气发展的支持政策、对中央补助投资项目给予地方资金配套、已按照或在申报时明确将按照试点内容开展相关工作的地区，中央将优先支持。

对于已经建成或已投入运营的规模化生物天然气工程，也鼓励按上述内容积极开展试点，中央将进一步研究完善有关支持政策。

三、选项条件和项目建设内容

（一）选项条件

1. 项目单位具有法人资格，具备沼气专业化运营的条件，配备必需的专业技术人才；具有较高的信用等级、较强的资金实力，能够落实承诺的自筹资金。规模化生物天然气工程项目单位的经营范围应包括生物质能源或可再生能源的生产、销售、安全管理等内容，掌握规模化生物天然气生产的主要技术，对项目建设、运营的可行性进行了充分论证，优先安排具有天然气生产、销售等有关特许经营许可的项目单位。

2. 工程具有充足、稳定的原料来源，能够保障沼气工程达到设计日产气量的原料需要。鼓励以农作物秸秆、畜禽粪便和园艺等多种农业有机废弃物作为发酵原料，确定合理的配比结构。对于规模化生物天然气工程，建设地点周边 20 千米范围内有数量足够、可以获取且价格稳定的有机废弃物，其中半径 10 千米以内核心区的原料要保障整个工程原料需求的 80% 以上；与原料供应方签订协议，建立完善的原料收储运体系，并考虑原料不足时的替代方案。

3. 工程建设方案应参照国内外成功运行案例和运行监测数据，工艺技术和建设内容要符合有关标准规范要求（相关标准见附件）。规模化大型沼气工程执行《沼气工程规模分类》（NY/T667-2011）中对于发酵工艺和池容产气率的要求。规模化生物天然气工程采用中高温高浓度混合原料发酵工艺技术路线，池容产气率大于等于 1，所产沼气提纯制取生物天然气（BNG）。沼渣生产固体有机肥，沼液加工制作液体有机肥。

4. 要科学评估终端产品产出量、产品潜在用户、输送方式和距离、周边农田和农业生产对养分需求等因素，科学确定沼气工程终端产品的利用方式。其中，沼渣沼液的消纳标准应按照每立方米沼气生产能力配套 0.5 亩以上农田计算。要与用户签订供气、供电、沼肥利用协议，使工程所产沼气、沼渣沼液全部得到有效利用，确保沼气不排空，确保沼渣沼液不产生二次污染。

5. 项目单位应委托有资质、有经验的专业机构承担项目设计、施工、监理等工作，成立或委托专业化运营机构承担日常维护管理。落实必要的流动资金，制定产品质量保证、成本控制、设施管护等管理制度，确保工程能安全、稳定、持续运行。

6．项目备案、土地、规划、环评、能评、资金等前期工作落实，配套条件较好，确保 2015 年能开工建设。

（二）建设内容

1．原料仓储和预处理系统。 以秸秆为主要原料的，要建设不低于 4 个月连续运行所需原料的仓储和预处理设施；以畜禽粪便为主要原料的，要建立粪污输送管道等设施设备或配备运输车。

2．厌氧消化系统。 按照《沼气工程技术规范》（NY/T1220）等标准执行，包括进出料、厌氧发酵、增温保温和搅拌等设施设备。其中规模化生物天然气工程厌氧发酵装置总容积要求 1.67 万立方米以上，单体发酵装置容积一般控制在 3 000 立方米左右；规模化大型沼气工程发酵装置总容积要求 500 立方米以上。

3．沼气利用系统。 包括脱硫脱水等净化设备，燃气提纯装备，气柜、管网等储存输配系统，气热电等利用设施设备，防雷、防爆、防火等安全防护设施。 规模化生物天然气工程利用系统按照《城镇燃气设计规范》（GB50028）、《城镇燃气输配工程施工及验收规范》（CJJ33）等标准执行。 规模化大型沼气工程利用系统按照《农村沼气集中供气工程技术规范》（NY/T2371）、《沼气电站技术规范》（NY/T1704）等标准执行。

4．沼肥利用系统。 包括沼渣、沼液存贮设施，有机肥料的生产加工设施设备，按照《沼肥加工设备》（NY/T2139）、《沼肥施用技术规范》（NY/T2065）等标准执行。

5．智能监控系统。 包括在线计量和远程监控智能平台，具备可测量、可识别、可核查和可追溯的功能。 监控系统按照《沼气远程信息化管理技术规范》（待颁布）标准执行。

四、工作程序和要求

（一）工作程序

1．地方发展改革部门和农村能源主管部门要按照职能分工，密切配合，根据国家发展改革委和农业部联合下发的申报通知和工作方案，抓紧开展需求摸底，为项目单位做好指导服务，及时组织项目申报。

2．对于规模化大型沼气工程，项目单位在落实前期工作后，根据工作方案提出资金申请，其资金申请的批复程序和要求等由省级发展改革部门商省级农村能源主管部门制定。

3．对于规模化生物天然气工程试点项目，为达到试点目标，要严格管理，规范事前审核。由项目单位委托有资质的咨询设计单位编制项目资金申请报告，报送省级发展改革部门审批，审批前应由省级农村能源主管部门出具行业审查意见。农业部成立专家委员会，提供技术指导。

项目资金申请报告应包括以下内容：①项目单位的基本情况；②项目的基本情况，包括建设地点、建设内容和规模、总投资及资金来源、建设条件落实情况等；③申请投资补助的主要理由和政策依据；④"选项条件"中要求的相关内容；⑤项目经济、环境、社会效益分析，项目风险分析与控制；⑥附具项目备案、环评、用地、能评、规划选址等审批文件复印件，并提供自筹资金落实证明或承诺函。

4．省级发展改革部门会同农村能源主管部门，根据项目单位报送的资金申请报告，开展实地调查，择优选取 1~2 个符合本工作方案要求，能探索出有价值、可复制、可推广的经验，有利于用成功的典型来推动国家政策完善的试点项目，在此基础上编制项目试点方案。 项目试点方案除包括每个项目的资金申请报告外，还应说明项目试点的必要性和可行性，明确试点工作的目标和任务，以及试点工作的保障措施。 对于地方政府已经或有积极性即将开展地方财政支持沼气终端产品补贴试点、燃气特许经营权市场清理和整顿工作试点、制定鼓励生物天然气或沼气产业发展的税收优惠试点等情况，一并在试点方案中说明。

5.省级发展改革部门会同农村能源主管部门编制本省农村沼气工程年度投资建议计划，联合报送至国家发展改革委、农业部。 申报规模化生物天然气工程试点项目的省份，一并报送项目试点方案。

6.国家发展改革委会同农业部对各省报送的建议计划和项目试点方案进行初审，经综合平衡后，编制农村沼气工程年度投资规模计划并联合下达。

7.省级发展改革部门和农村能源主管部门要在接到中央投资规模计划后 20 个工作日内，分解落实到具体项目并下达投资计划，明确项目建设地点、建设内容、建设工期及有关工作要求，确保项目按计划实施，并将分解的投资计划报国家发展改革委和农业部备核。 凡安排中央预算内投资的项目，必须完成资金申请审批工作，可单独批复或者在下达投资计划的同时一并批复。

（二）有关要求

1.各省发展改革和农村能源主管部门应当对项目资金申请是否

符合中央预算内投资使用方向和有关规定、是否符合工作方案要求、是否符合投资补助的安排原则、项目前期工作是否落实等进行严格审查，并对审查结果和申报材料的真实性、合规性负责。要加强项目统筹，突出重点，确保申报项目质量。

2．按照政府信息公开要求，凡安排中央预算内投资的项目，各省应在政府网站上公开项目名称、项目建设单位、建设地点、建设内容等信息。凡申报项目的单位，视同同意公开项目信息。不同意公开相关信息的项目，请勿组织申报。

3．切实加强事中事后监管。一是严格执行中央预算内投资管理的有关规定，切实加强资金和项目实施管理。对于中央补助投资，要做到专户管理，独立核算，专款专用，严禁滞留、挪用。二是推行资金管理报账制，根据项目实施进度拨付资金。对于已完成项目前期工作且企业自筹资金30%到位的项目，方可申请中央投资；工程竣工验收后申请最终20%中央投资。三是省级农村能源主管部门会同发展改革部门建立定期检查和通报制度，对建设进度、质量、效益等进行检查和通报，并将通报内容报送农业部和国家发展改革委，原则上每半年一次。其中规模化生物天然气工程试点项目每月报一次。四是国家发展改革委和农业部，将不定期对项目执行情况进行监督和抽查，或者组织各地交叉检查，并将根据需要开展项目稽查。检查和稽查结果将作为安排后续年度中央投资的重要依据。五是进一步细化责任追究制度，对项目事中事后监管中发现的问题，根据情节轻重采取责令限期整改、通报批评、暂停拨付中央资金、扣减或收回项目资金、列入信用黑名单、一定时期内不再受理其资金申请、追究有关责任人行政或法律责任等处罚措施。六是开展项目后评价，组织有关专家和机构对项目质量、投资效益等进行后评价，进一步提高项目决策的科学性。

4. 及时总结试点经验。 对于安排中央投资的规模化生物天然气试点项目，要及时跟踪了解其建设和运营情况，总结成功经验，发展存在问题，积极推动国家相关政策的完善。 各省发展改革部门要会同农村能源主管部门，于年底前将项目试点总结报告报送国家发展改革委和农业部。 对于其他具备条件的规模化大型沼气工程，或未申请中央投资支持的规模化生物天然气工程，也在开展相关试点的，请将其试点情况一并报送。

五、其他重点工作

（一）编制农村沼气工程相关规划

在全面总结"十二五"以来农村沼气工程的发展情况、深入分析农村沼气工程发展面临的新形势和新问题、2015 年推进规模化大型沼气工程建设和开展规模化生物天然气工程试点的基础上，研究制订全国农村沼气工程中长期发展规划，明确农村沼气发展的总体思路、方向目标、建设原则、区域布局、重点任务、保障措施等。

（二）修订项目管理办法

按照投资体制改革的要求，根据农村沼气工程发展方向、建设任务的变化，进一步修订完善《农村沼气建设项目管理办法》并及时印发。

（三）起草关于加快农村沼气工程转型升级的指导意见

根据项目试点情况，探索成功的运营管理模式、有效的支持政策，基本形成有价值、可复制、可推广的经验，争取有关部门统一认识，完善农村沼气发展的扶持政策。 会同有关部门研究起草《关于加快农村沼气转型升级的指导意见》，为顺利推进农村沼气工程转型升级指明方向，提供政策支撑。

附件：

农村沼气主要标准一览表

1. 沼气工程规模分类 NY/T 667

2. 沼气压力表 NY/T 858

3. 户用沼气脱硫器 NY/T 859

4. 沼气工程技术规范　第 1 部分：工艺设计 NY/T 1220.1

5. 沼气工程技术规范　第 2 部分：供气设计 NY/T 1220.2

6. 沼气工程技术规范　第 3 部分：施工及验收 NY/T 1220.3

7. 沼气工程技术规范　第 4 部分：运行管理 NY/T 1220.4

8. 沼气工程技术规范　第 5 部分：质量评价 NY/T 1220.5

9. 规模化畜禽养殖场沼气工程运行、维护及其安全技术规程 NY/T 1221

10. 规模化畜禽养殖场沼气工程设计规范 NY/T 1222

11. 沼气饭锅 NY/T 1638

12. 沼气中甲烷和二氧化碳的测定 气相色谱法 NY/T 1700

13. 非自走式沼渣沼液抽排设备技术条件 NY/T 1916

14. 自走式沼渣沼液抽排设备技术条件 NY/T 1917

15. 沼肥施用技术规范 NY/T 2065

16. 沼肥加工设备 NY/T 2139

17. 秸秆沼气工程施工操作规程 NY/T 2142

18. 其他与沼气相关的建设、安全等标准（规范）

（注：关于"农村沼气主要标准一览表"中的附件内容，这里不再详细阐述。）

全国农村沼气发展"十三五"规划

前言

"十二五"期间，农村沼气快速发展，在改善农村生活条件，促进农业发展方式转变，推进农业农村节能减排及保护生态环境等方面，发挥了重要作用。 当前，农村沼气事业发展的外部环境发生了巨大变化，特别是农业生产方式、农村居住方式、农民用能方式的新转变，对农村沼气事业发展提出了新任务和新要求。

习近平总书记在中央财经领导小组第十四次会议上指出，以沼气和生物天然气为主要处理方向，以就地就近用于农村能源和农用有机肥为主要使用方向，力争在"十三五"时期，基本解决大规模畜禽养殖场粪污处理和资源化问题。 遵照中央部署和习近平总书记的重要指示精神，发展改革委和农业部会同有关部门、地方主管部门，在大量调查研究和反复论证的基础上，编制了《全国农村沼气发展"十三五"规划》（以下简称《规划》）。《规划》在分析农村沼气发展成就、机遇与挑战、资源潜力等基础上，明确了"十三五"农村沼气发展的指导思想、基本原则、目标任务，规划了发展布局和重大工程，提出了政策措施和组织实施要求。

《规划》与《中华人民共和国国民经济和社会发展第十三个五年规划纲要》《中共中央国务院关于加快推进生态文明建设的意见》《全国农业可持续发展规划（2015—2030 年）》《全国农业现代化规划（2016—2020 年）》《全国农村经济发展"十三五"规划》《可再生能

源发展"十三五"规划》等作了衔接。

本规划是"十三五"时期全国农村沼气发展的指导性文件。

一、"十二五"农村沼气发展成就

党中央、国务院始终高度重视发展农村沼气事业，自 2004 年起，每年中央一号文件都对发展农村沼气提出明确要求。"十二五"期间，国家发展改革委会同农业部累计安排中央预算内投资 142 亿元用于农村沼气建设，并不断优化投资结构。 根据农村沼气发展面临的新形势，2015 年调整中央投资方向，重点用于支持规模化大型沼气工程和生物天然气工程试点项目建设，农村沼气迈出了转型升级的新步伐。

（一）增强了能源安全保障能力

农村沼气历史性的解决 2 亿多人口炊事用能质量提升问题，促进了农村家庭用能清洁化、便捷化。 规模化沼气工程在为周边农户供气的同时，也满足了养殖场内部的用气、用热、用电等清洁用能需求。 规模化大型沼气工程尤其是生物天然气工程所产沼气用于发电上网或提纯后并入天然气管网、车用燃气、工商企业用气，实现了高值高效利用。 到 2015 年，全国沼气年生产能力达到 158 亿立方米，约为全国天然气消费量的 5%，每年可替代化石能源约 1 100 万吨标准煤，对优化国家能源结构、增强国家能源安全保障能力发挥了积极作用。

（二）推动了农业发展方式转变

农村沼气上联养殖业，下促种植业，是促进生态循环农业发展的重要举措，不仅有效防止和减轻了畜禽粪便排放和化肥农药过量施用造成的面源污染，而且对提高农产品质量安全水平，促进绿色和有机农产品生产，实现农业节本增效，转变农业发展方式发挥了重要作用。据测算，农村沼气年可生产沼肥 7 100 万吨，按氮素折算可减施 310 万吨化肥，每年可为农民增收节支近 500 亿元。

（三）促进了农村生态文明发展

农村沼气实现了畜禽养殖粪便、秸秆、有机垃圾等农业农村有机废弃物的无害化处理、资源化利用，缓解了困扰农村环境的"脏乱差"问题。沼气利用不增加大气中二氧化碳排放，具有显著的温室气体减排效应。农户建设农村沼气配套改厨、改厕、改圈，改善了家庭卫生条件。规模化大型沼气工程和规模化生物天然气工程，大幅提升了畜禽粪便、农作物秸秆等农业废弃物集中处理水平和清洁燃气集中供应能力，适应了新时代广大农民对美丽宜居乡村建设的新要求。目前，全国农村沼气年处理畜禽养殖粪便、秸秆、有机生活垃圾近 20 亿吨，年减排二氧化碳 6 300 多万吨，对实现农村家园、田园、水源清洁，建设美丽宜居乡村、发展农村生态文明起到了积极作用。

（四）转型升级取得了积极成效

2015 年农村沼气转型升级以来，中央重点支持建设日产 1 万立方米以上的规模化生物天然气工程试点项目与厌氧消化装置总体容积 500 立方米以上的规模化大型沼气工程项目，着重在创新建设组织方式、发挥规模效益、利用先进技术、建立有效运转模式等方面进行试点，实现了四个转变，由主要发展户用沼气向规模化沼气转变，由功能单一向功能多元化转变，由单个环节项目建设向全产业链一体化统筹推进转变，由政府出资为主向政府与社会资本合作转变。一批规模化沼气工程和生物天然气工程，在集中供气、发电上网以及城镇燃气供应等方面取得了积极成效，正在不断探索有价值、可复制、可推广的实践经验。

专栏 1　农村沼气发展成就

2003—2015 年，在中央投资带动下，经过各地共同努力，农村沼气发展进入了大发展、快发展的新阶段。截至 2015 年年底，全国户用沼气达到 4 193.3 万户，受益人口达 2 亿人；由中央和地方投资支持建成各类型沼气工程达到 110 975 处，其中，中小型沼气工程 103 898 处，大型沼气工程 6 737 处，特大型沼气工程 34 处，工业废弃物沼气工程 306 处。以秸秆为主要原料的沼气工程有 458 处，以畜禽粪污为主要原料的沼气工程有 110 517 处。全国农村沼气工程总池容达到 1 892.58 万立方米，年产沼气 22.25 亿立方米，供气户数达到 209.18 万户。

2015 年，中央安排预算内投资 20 亿元，重点支持建设了 25 个规模化生物天然气工程试点项目与 386 个规模化大型沼气工程项目，其中，25 个生物天然气项目和 3 个特大型沼气工程日处理 14 888.2 吨畜禽粪便（含部分冲洗水）、1 411.1 吨秸秆、620 吨能源草、512.7 吨酒糟、40 吨餐厨垃圾、22.6 吨果蔬或其他有机废弃物，可生产沼气 102.66 万立方米，提纯后生物天然气 55.713 万立方米，主要用作车用燃料、居民、工业用气，农村沼气转型升级工作取得较为显著成效。

据统计，在同时具备果园、菜园、茶园和畜禽养殖优势的 350 个（次）大县（以下简称"双优县"）中，共有大、中、小型沼气工程 25 688 处，池容约为 658 万立方米，部分覆盖了果树、蔬菜和茶叶优

势区域,为果(菜、茶)沼畜种养循环发展奠定了很好的基础。长期以来,各地在沼气工程建设中,将果树、蔬菜、茶叶种植与沼渣沼液消纳利用结合在一起,在种养循环方面积累了许多成功经验和做法。

全国乡村服务网点达到 11.07 万个、县(区)级服务站达到 1 140 处,服务沼气用户 3 257.62 万户,覆盖率达到 74.3%,服务体系不断完善,服务能力显著提升;以沼气设计、沼气施工、沼气服务、沼气装备和"三沼"综合利用为主要内容的服务体系初步建立。

二、"十三五"农村沼气发展机遇与挑战

在充分肯定农村沼气发展取得巨大成就的同时,也要清楚地看到,农村沼气的定位、工作思路和发展模式始于 2003 年的沼气建设政策体系框架,长期的实践积累了丰富的经验,同时也有不少教训。"十三五"时期是农业发展方式的加快转变期,农业现代化的快速发展期,新型城镇化建设的加速推进期,农村沼气发展面临的形势和环境将持续发生重要变化,对农村沼气事业提出了新的更高的要求。

(一)发展机遇

1. 生态文明建设对农村沼气事业发展提出了新任务

生态文明建设已纳入"五位一体"国家总体战略布局,农村生态文明建设的任务也更加重要,农村生态环境向清洁化转变的要求也更加迫切。随着农业集约化程度提高和规模化种养业的快速发展,畜禽粪便随意堆弃、秸秆就地废弃焚烧等问题越来越突出,对大气、土壤和水等生产生活环境造成破坏,导致农业面源污染日趋

严重。 据测算，全国每年产生农作物秸秆 10.4 亿吨，可收集资源量约 9 亿吨，尚有 1.8 亿吨的秸秆未得到有效利用，多数被田间就地焚烧；规模化畜禽养殖场每年产生畜禽粪污 20.5 亿吨，仍有 56% 未得到有效利用。 农业发展不仅要杜绝生态环境欠新账，而且要逐步还旧账，要打好农业面源污染治理攻坚战，力争到 2020 年农业面源污染加剧的趋势得到有效遏制，实现"一控两减三基本"的目标任务。 据测算，建设 1 处 5 000 立方米池容的规模化大型沼气工程，每年可消纳 3 万吨粪便或 0.6 万吨干秸秆，可减少 COD 排放 1 500 吨或颗粒物排放 90 吨。 因此，发展农村沼气，能够有效处理农业农村废弃物、减少温室气体排放和雾霾产生、改善农村环境"脏、乱、差"状况等，留住绿水青山。

2. 农业供给侧改革对农村沼气事业发展提出了新要求

农业供给侧结构性改革的关键是"提质增效转方式、稳粮增收可持续"。 为市场提供更多优质安全的"米袋子""菜篮子""果盘子"和"茶盒子"等农产品，是农业供给侧结构性改革的重要任务。 目前全国大田作物播种面积 24.82 亿亩，亩均化肥施用量 21.9 千克，远高于世界平均水平（每亩 8 千克），是美国的 2.6 倍、欧盟的 2.5 倍。 果树亩均化肥用量 73.4 千克，是美国的 6 倍、欧盟的 7 倍；蔬菜亩均化肥用量 46.7 千克，比美国高 29.7 千克、比欧盟高 31.4 千克。 化肥的过量使用，增加了生产成本，在一些地区导致了土壤板结、地力下降、土壤和水体污染等问题。 沼肥富含氮磷钾、微量元素、氨基酸等，可以替代或部分替代大田作物和果（菜、茶）园化肥施用，能够显著改善产地生态环境，生产包括大田作物、水果蔬菜茶叶在内的优质农产品，提升产品品质，有效满足人们对优质农产品日益增长的旺盛需求。 据测算，建设 1 处日产 500

立方米沼气的规模化沼气工程，每年可生产沼肥 1 000 吨，按氮素折算可减施 43 吨化肥，沼液作为生物农药长期施用可减施化学农药 20% 以上。 因此，发展农村沼气能够实现化肥、农药减量，推动优质绿色农产品生产，保障食品安全。

专栏 2　果(菜、茶)园发展现状

2015 年,全国果(菜、茶)园种植面积达 5.27 亿亩,其中,果园种植面积达 1.89 亿亩,形成了柑橘、苹果、梨等优势水果产业带;蔬菜种植面积达 3 亿亩,包括设施蔬菜 0.5 亿亩,已经形成了华南西南热区、长江中下游、云贵高原、黄土高原、高纬度地区、黄淮海地区等六大优势产区;茶园种植面积 0.38 亿亩,形成了西南、华南、江南和江北等四大茶叶主产区。据统计,全国果(菜、茶)园种植优势县有 1 039 个,拥有总面积 2.32 亿亩。

据测算,全国果树亩均化肥施用量达 73.4 千克,蔬菜亩均化肥施用量达 46.7 千克,茶叶亩均化肥施用量达 30 千克。目前,全国果(菜、茶)园化肥年施用量达 2 900 万吨,约占全国化肥施用量的 50%。果(菜、茶)园化肥减施潜力巨大。

---

3. 国家能源革命对农村沼气事业发展注入了新动力

我国能源生产供应结构不合理、总体缺口较大。 2015 年，全国能源消费总量 43 亿吨标准煤，其中煤炭消费量占比为 64%，比重过高;天然气净进口量 621 亿立方米，对外依存度 32.1%。 能源生产和消费要立足国内多元供应保安全，形成煤、油、气、核、新能源、可再生能源多轮驱动的能源供应体系。 我国在 G20 峰会和巴黎峰会做出承诺，到 2030 年非化石能源占一次能源消费比重提高到 20% 左右。 据测算，建设 1 处日产 1 万立方米的生物天然气工程，年可产生物天然气 365 万立方米，可替代 4 343 吨标准煤。据统计，全国每年可用于沼气生产的农业废弃物资源总量约 14.04 亿吨，可产生物天然气 736 亿立方米，可替代约 8 760 万吨标准煤。因此，发展农村沼气，可降低煤炭消费比重、填补天然气缺口，进一步优化能源供应结构。

4. 新型城镇化建设对农村沼气事业发展提供了新契机

《国家新型城镇化规划（2014—2020 年）》的发布开启了积极稳妥、扎实有序推进城镇化建设的新时期，规划到 2020 年，全国常住人口城镇化率达到 60% 左右，实现 1 亿左右农业转移人口和其他常住人口在城镇落户。据国务院发展研究中心研究表明，城镇化率每提高 1 个百分点，能源消费至少会增长 6 000 万吨以上标准煤。同时，国家鼓励农村人口在中小城市和小城镇就近就地城镇化，这些地区民用燃气短缺、管网铺设投资和输送成本过高，现有的城镇燃气供应体系难以覆盖新型城镇化区域。据测算，每户每年炊事热水平均用天然气 284 立方米，要实现 1 亿农业人口转移年需增加沼气 118 亿立方米沼气。加之，城镇及农村地区经济水平不断提高，对优质清洁便利能源的需求显著增加，也对居住环境提出了更高要求。因此，发展农村沼气，生产供应清洁能源，能够实现新型城镇集中供气供热，满足炊事采暖用能需求。

（二）面临挑战

1. 农村沼气的发展方式亟待转型升级

近年来，随着种养业的规模化发展、城镇化步伐的加快、农村生活用能的日益多元化和便捷化、农民对生态环保的要求更加迫切，农村沼气建设与发展的外部环境发生了很大变化。农村户用沼气使用率普遍下降，农民需求意愿越来越小，废弃现象日益突出；

中小型沼气工程整体运行不佳，多数亏损，长期可持续运营能力较低，存在许多闲置现象。此外，现有的沼气工程还面临着原料保障难和储运成本过高、大量沼液难以消纳、工程科技含量不高、沼气工程终端产品商品化开发不足等瓶颈，一些工程甚至存在沼气排空和沼液二次污染等严重问题。因此，农村沼气亟待向规模发展、综合利用、效益拉动、科技支撑的方向转型升级。2015 年开始的农村沼气转型升级，在这方面进行了有益的尝试。

2. 农村沼气发展的扶持政策亟待完善

农村沼气承担着农村废弃物的处理、农村清洁能源供应、农村生态环境保护等多重社会公益职能，国家应不断健全沼气政策支持体系，加大支持力度。长期以来，国家支持主要体现在前端的投资补助，方式单一，且存在较大的资金缺口，政府和社会资本合作机制尚未有效建立，社会资金投入沼气工程建设运营不足，政府投资放大效应发挥不够。农村沼气持续发展的支持政策还不够系统，农业废弃物处理收费、终端产品补贴、沼气产品保障收购以及流通等环节的政策还有所缺失。沼气转型升级发展以来，大型沼气工程和生物天然气工程建设对用地、用电、信贷等方面的政策需求也在迅速增加。此外，沼气标准体系建设还不够完善，沼气项目建设手续不够清晰，各地执行标准不同，给项目建设、施工、运营和监管带来困难。

3. 农村沼气的体制性和制度性障碍亟须破除

沼气可通过开展高值高效利用实现商品化、产业化开发，但在沼气发电上网和生物天然气并入城镇天然气管网等方面还存在许多歧视和障碍。目前全国地级以上城市和绝大部分县城的燃气特许经营权已经授出，存在生物天然气无法在当地销售或被取得特许经营权的企业对生物天然气压制价格现象。 国家出台的《中华人民共和国可再生能源法》《畜禽规模养殖污染防治条例》等法律法规及《关于完善农林生物质发电价格政策的通知》《可再生能源电价附加收入调配暂行办法》等相关政策在沼气领域难以落地,有的电网公司以各种理由阻碍沼气发电上网,沼气发电上网后也无法享受农林生物质电价。 这些问题造成了沼气和生物天然气的市场竞争能力不强,制约了农村沼气的发展。

4. 农村沼气的科技支撑和监管能力亟须强化

长期以来,中央和地方对沼气技术、适用产品和装备设备的研发投入有限,科研单位和企业缺乏技术创新的动力与积极性,尚未形成与产业紧密结合的产学研推用技术支撑体系。 与沼气技术先进的国家相比,我国规模化沼气工程池容产气率和自动化水平有待提高,新技术、新材料的标准和规范亟须建立。 农村沼气管理体系仍存在注重项目投资建设、忽视行业监管的问题,一些地方在政府与市场之间、政府部门之间还存在边界不清、职能交叉、缺乏统筹等问题。 沼气服务体系尽管已基本实现了全覆盖,但服务对象主要是户用沼气和中小型沼气工程,也未建立有效的服务机制和运营模式,服务人员不稳定、服务范围小、服务内容单一、技术水平偏低等问题致使现有沼气服务体系难以维系。

(三) 资源潜力

目前,全国可用于沼气的农业废弃物资源潜力巨大。 农村沼气原料主要包括农作物秸秆、畜禽粪便、农产品加工剩余物、蔬菜剩余物、农村有机生活垃圾等。 据测算,可用于沼气生产的废弃物资源总量约 14.04 亿吨,其中,秸秆可利用资源量超过 1 亿吨、畜禽粪便可利用资源量超过 10 亿吨、其他有机废弃物可利用量超过 1 亿吨，沼气生产潜力约为 1 227 亿立方米。 随着经济社会发展、生态文明建设和农业现代化推进，沼气生产潜力还将进一步增大。

其中：

农作物秸秆。 主要包括玉米、水稻、小麦、豆类、薯类等作物秸秆。 2015 年作物秸秆的理论资源量为 10.4 亿吨，可收集资源量约 9 亿吨，主要分布在华北平原、长江中下游平原、东北平原等 13 个粮食主产省（自治区）。 作为肥料、饲料、食用菌基料以及造纸等用途共计约 7.2 亿吨，可供沼气生产利用的秸秆资源量约 1.8 亿吨，沼气生产潜力约为 500 亿立方米。

畜禽粪便。 主要包括奶牛、肉牛、生猪、肉鸡、蛋鸡等畜禽的粪便。 2015 年，全国现有猪、牛、鸡三大类畜禽粪便资源量为 19 亿吨。 目前，粪便堆肥化处理量约为 8.4 亿吨，可供沼气生产利用的畜禽粪便资源量约 10.6 亿吨，沼气生产潜力约为 640 亿立方米。

其他有机废弃物。 主要包括农产品加工副产物、蔬菜尾菜、农村有机生活垃圾等。 2015 年，全国粮食加工副产物（米糠、稻壳、玉米芯、糟类）总量约 2.1 亿吨，可供沼气生产利用的资源量约 0.2 亿吨；全国果蔬加工废弃物总量约 2.6 亿吨，可供沼气生产利用的资源量约 1.14 亿吨；全国农村有机生活垃圾总量约 0.8 亿吨，可供沼气生产利用的资源量为 0.3 亿吨。 其他有机废弃物可利用量共 1.64 亿吨，沼气生产潜力约为 87 亿立方米。

三、总体要求

（一）指导思想

深入贯彻落实"创新、协调、绿色、开放、共享"理念，适应农业生产方式、农村居住方式和农民用能方式的新变化，坚持清洁能源供给、生态环境保护和循环农业发展的三重复合定位，按照种养结合、生态循环、绿色发展的要求，强化政策创新、科技创新和管理创新，加快规模化生物天然气和规模化大型沼气工程建设，大力推动果（菜、茶）沼畜种养循环发展，巩固户用沼气和中小型沼气工程建设成果，促进沼气沼肥的高值高效综合利用，实现规模效益兼顾、沼气沼肥并重、建设监管结合，开创农村沼气事业健康发展的新局面，为建设农村生态文明、转变农业发展方式、优化国家能源结构、改善农村人居环境做出更大的贡献。

（二）基本原则

1.统筹谋划，多元发展

针对各地资源状况和环境承载力情况，统筹谋划，优化农村沼气发展结构和建设布局。鼓励各地建设不同规模和类型的沼气项目，因地制宜发展以生物天然气为主、以沼肥利用为主、以农业农村废弃物处理为主、以用气为主和果（菜、茶）沼畜循环等多种形式和特点的沼气模式，鼓励各地发展沼气沼肥产品多元化利用模式，推动农村沼气转型升级。

2.气肥并重，综合利用

统筹考虑农村沼气的能源、生态效益，兼顾沼气沼肥的经济社会价值。适应市场需求及建设农村清洁能源生产供应体系的需要，积极开拓沼气在城乡居民集中供气、并网发电、车用燃气、工业原料等领域的应用。突出农村沼气供肥功能，以沼气工程为纽带，以沼肥高效利用为抓手，将农作物种植与畜牧养殖有机联结起来，推进种养循环发展。

3.政府支持，市场运作

政府通过健全法规、政策引导、组织协调、投资补助和终端补贴等方式引领农村沼气发展方向，为农村沼气发展创造良好的环境。 充分发挥市场机制作用，积极引导社会资本投入农村沼气建设和运营，大力推进沼气工程的企业化主体、专业化管理、产业化发展、市场化运营，不断提高经济效益和可持续发展能力，形成政府、企业、种养大户、终端用户等市场主体共建多赢新格局。

4. 科技支撑，机制创新

加强农村沼气科研平台建设，强化科研院所、大专院校和龙头企业密切合作，建设产学研推用一体化沼气技术创新与推广体系。中央与地方联动，发挥地方政府作用，建立种植、养殖业主与农村沼气经营主体等各方利益共享、成本分担的连接机制。统筹推进融资方式、运营模式、监管机制创新。

（三）发展目标

农村沼气转型升级取得重大进展，产业体系基本完善，多元协调发展的格局基本形成，以沼气工程为纽带的种养循环发展模式更加普及，科技支撑与行业监管能力显著提升，服务体系与政策体系更加健全。 农村沼气在处理农业废弃物、改善农村环境、供给清洁能源、助推循环农业发展和新农村建设等方面的作用更加突出。

——沼气规模化水平显著提高。 新建规模化生物天然气工程172 个、规模化大型沼气工程 3 150 个，认定果（菜、茶）沼畜循环农业基地 1 000 个，供气供肥协调发展新格局基本形成。

——户用沼气和中小型沼气工程功能得到巩固和提高。 户用沼气和中小型沼气工程的建设成果得到巩固，相关工程得到修复，安全隐患得到消除，功能效益得到优化提升。 在"老少边穷"且农户还有散养习惯的地区因地制宜建设户用沼气，在中小型养殖场密布地区有序发展中小型沼气工程。

229

　　——"三沼"产品高值高效综合利用水平大幅提升。沼气供气、供暖、发电、提纯生物天然气等多元化利用渠道畅通，效益明显提升；沼渣沼液有机肥、基质、生物农药等多元化功能进一步拓展。新增池容 2 277 万立方米，新增沼气生产能力 49 亿立方米，达到 207 亿立方米；新增沼肥 2 651 万吨，按氮素折算替代化肥 114 万吨。

　　——生态与社会效益更加显著。农村沼气年新增秸秆处理能力 864 万吨、畜禽粪便处理能力 7 183 万吨，替代化石能源 349 万吨标准煤，二氧化碳减排 1 762 万吨，COD 减排 372 万吨，农村地区沼气消费受益人口达 2.3 亿人以上。沼气和生物天然气作为畜禽粪便等农业废弃物主要处理方向的作用更加突出，基本解决大规模畜禽养殖场粪污处理和资源化利用问题。

专栏 3　全国农村沼气"十三五"发展目标

序号	指标		单位	现状值(2015)	目标值(2020)	增速[累计增量]
1	规模	规模化生物天然气工程	处	25	197	[172]
2		规模化大型沼气工程	处	6 972	10 122	[3 150]
3		中小型沼气工程	处	103 476	128 976	[25 500]
4		户用沼气	万户	4 193	4 304	[111]
5	能力	沼气总产量	亿立方米	158	207	5.6%
6		沼肥产量	万吨	7 100	9 751	7.5%
7	农业生态环境	农业废弃物处理能力	万吨/年	200 000	208 047	[8 047]
8		减排二氧化碳	万吨/年	2 860	4 622	[1 762]
9		减排 COD	万吨/年	1 209	1 581	[372]

四、重点任务

（一）优化农村沼气发展结构

按照全产业链总体设计、统筹谋划，建立从原料保障、厌氧发酵、沼气沼肥利用、运营监管以及社会化服务的一体化体系，培育沼气工程终端产品多元化利用市场，建立新型商业化运营模式，推动规模化生物天然气工程和规模化大型沼气工程加快建设。考虑原料来源、运输半径、资金实力、产品销路等因素，配套建设原料基地，推广中高温高浓度混合原料发酵工艺以及沼气提纯等先进技术。结合果（菜、茶）园用肥需求和布局，发展"'三园'+沼气工程+畜禽养殖"的模式，认定一批果（菜、茶）沼畜循环农业基地，推动发展生态循环农业。继续巩固户用沼气和中小型沼气工程在农村生产和生活中的重要作用，制定农村户用沼气报废标准，优化改造老旧病池，填平补齐生活污水净化沼气池、沼渣沼液综合利用设施，积极促进沼气建设与生态农业发展有机结合，提升沼气综合功能。

（二）提升三沼产品利用水平

推进沼气高值化利用。大力发展生物天然气并入天然气管网、罐装和作为车用燃料，沼气发电并网或企业自用，稳步发展农村集中供气或分布式撬装供气工程，促进沼气和生物天然气更多用于农村清洁取暖，提高沼气利用效率。

推动沼肥高效利用。将沼渣沼液加工作为规模化生物天然气工程和规模化大型沼气工程项目不可缺少的建设内容，同步实施，同时投产。大力开展沼渣沼液生产加工有机肥、基质、生物农药等多功能利用，试点推广植物营养液、生物活性制剂等高端产品，推广以农村有机生活垃圾作为沼气原料生产沼肥，提高沼气项目综合效益。

推广"'三园'+沼气工程+畜禽养殖"循环模式。在果（菜、茶）园优势区，开展沼气工程配备沼肥生产设备，配套沼肥暂存调配设施以及园区储肥施肥设施设备、沼肥运输和施用机具、沼液田间水肥一体化灌溉设施建设，使沼气工程有效连接畜禽养殖和高效种植，实现沼肥充分高效利用，保障优质农产品生产。

（三）提高科技创新支撑水平

以促进沼气技术成果转化为主攻方向，依托优势科研团队建设沼气科研创新平台和重点实验室，完善实验室基础设施，购置先进实验仪器设备，建设中试基地。深化科研院所、大专院校和龙头企业之间的合作，加强农村沼气"产、学、研"技术体系建设，建设一批沼气科研创新团队，集中优势科研资源研发沼气新工艺、新材料、新设备，开展秸秆预处理、稳产高产发酵工艺、多能互补增温保温、沼气提纯罐装、沼肥高效施用等关键环节的技术攻关。结合云计算、大数据、物联网和"互联网+"等新一代信息技术和互联网发展模式，建设覆盖全国的信息化沼气科技服务平台，促进沼气科技成果转化为现实生产力，提高沼气行业科技水平。

（四）加强服务保障能力建设

在户用沼气和沼气工程集中的地区，稳步开展农村沼气服务体系提档升级，优化整合农村沼气服务网点，形成功能齐全、设施完备、技术先进的新型服务网络。创新政府购买公益性服务、市场主体提供经营性服务的运营机制，培育壮大社会化服务队伍，鼓励社会资本进入沼气沼肥的销售、流通、售后服务等环节。

依托科研院所和大专院校的技术力量，大力开展从业人员技能培训，重点推动沼气工程设计、施工标准化，提高沼气人才队伍的专业化和职业化水平。大力培育农村沼气事业新型社会化服务主体和沼气中介服务组织，培育一批沼气行业的骨干企业。

着力提高行业监管能力。加快农村沼气监管由建设项目管理向行业监督管理转变，建立农村沼气产业发展和市场监管系统；建立农村沼气工程、产品检测和评估体系，建设可测量、可识别、可核查、可追溯的信息化监控平台，建设全国沼气远程在线监测系统，对沼气工程实行全周期动态监管。加强沼气生产过程安全管理，加大对沼气易燃易爆等危险特性的宣传和教育力度，认真辨识生产过程的安全风险并落实管控措施，严格动火、进入受限空间等特殊作业管理，提高沼气工程生产安全水平。

五、重大工程

（一）规模化生物天然气工程

功能定位。在天然气市场需求量大和农业废弃物资源量集中的地区，发展以畜禽粪便、秸秆和农产品加工有机废弃物等为原料的规模化生物天然气工程，生产的沼气进行提纯净化，生产的生物天然气通过车用燃气、压缩天然气及并入天然气管网等方式利用，沼渣沼液加工生产高效有机肥及其他高值化产品。

建设规模与内容。单项工程建设规模日产生物天然气 1 万立方米以上。主要建设内容包括：①原料仓储和预处理系统。建设秸秆原料的仓储和预处理设施，建立畜禽粪污输送管道等设施设备或配备运输车。 ②厌氧消化系统。 包括进出料、厌氧发酵、增温保温和搅拌等设施设备。 ③沼气利用系统。 包括脱硫脱水等净化设备、燃气提纯装备、气柜和管网等储存输配系统以及防雷、防爆、防火等安全防护设施。 ④沼肥利用系统。 包括沼渣、沼液存贮设施，沼肥有机肥生产加工设施设备。 ⑤智能监控系统。 包括在线计量和远程监控智能平台。

(二)规模化大型沼气工程

功能定位。 在农户居住区较集中、秸秆资源或畜禽粪便较丰富的地区，以自然村、镇或养殖场为单元，建设以畜禽粪便、农作物秸秆为原料的规模化大型沼气工程，生产的沼气用于为农户供气、供暖、发电上网或企业自用等多元化利用，沼渣沼液用于还田、加工有机肥或开展其他有效利用。 在果(菜、茶)园和畜禽养殖双优县中，建设一批以畜禽粪便、尾菜烂果等为主要原料的沼气工程，沼气用于城乡居民炊事取暖及锅炉清洁燃料等领域；突出沼肥供应功能，将沼肥施用于果(菜、茶)园，达到园区内种养平衡，实现良性循环发展。

建设规模与内容。 建设厌氧消化装置总体容积 500 立方米及以上的沼气工程。 主要建设内容包括原料预处理单元、沼气生产单元、沼气净化与储存单元、沼气输配与利用单元(包括管网、入户设施、沼气炉具等)、沼气发电及上网单元(包括沼气发电、余热回收、上网设备与监控等)、沼渣沼液综合利用单元等设施设备，配套建设供配电、仪表控制、给排水、消防、避雷、道路、绿化、围墙、业务用房等设施设备。 在果(菜、茶)园和畜禽养殖双优县中，按果树、蔬菜和茶叶的沼肥需求量确定整县农村沼气建设的规模，新建以畜禽粪便、尾菜烂果等为主要原料的沼气工程，主要包括原料预处理单元、沼气生产单元、沼气净化与储存单元、沼气输配与利用单元、沼肥存储调质单元、自动控制单元，果（菜、茶）园配套储肥施肥设施设备、沼肥运输和施用机具、沼液田间水肥一体化灌溉施肥设施、沼肥暂存调配设施等设施设备。

（三）户用沼气和中小型沼气工程

功能定位。 在"老少边穷"且农户有散养习惯的地区，以及中小型养殖场密布地区，因地制宜发展户用沼气和中小型沼气工程，生产的沼气用于解决农户家庭和养殖场清洁燃气需求，生产的优质沼肥与优势特色产业相结合，创建特色农产品品牌，促进种养业增效增收和美丽乡村建设。

建设内容与规模。 建设 8~10 立方米池容的户用沼气池，同步实施改圈、改厕、改厨。 建设厌氧消化装置总体容积在 20~500 立方米的中小型沼气工程，建设内容主要包括原料预处理池（秸秆粉碎、堆沤）、沼气发酵设施、贮气水封池（基础）、沼液储存池，配套泵、管路、脱硫装置、沼气灶具等设备。 有针对性地对有修复价值的老旧病池和沼气工程进行修复改造。

（四）支撑服务能力建设工程

功能定位。 适应新时期沼气事业发展需求，从科技创新能力、服务体系队伍和行业监管能力等方面加强顶层设计，统筹推进能力建设工作，建成满足农村沼气事业健康持续发展的支撑保障体系。

建设内容。 主要包括：①科技创新能力建设。 建立健全沼气科技创新研发平台，支持科研单位和教学单位改善实验室基础设施，购置实验仪器设备，配套完善实验室功能，提高科研条件，建设中试基地，增强沼气技术基础研发及成果转化能力。建设国家级科研平台 1 个，区域级科研平台 3 个，重点实验室 5 个。建设企业创新平台，培育设备生产、规模化生物天然气运营、沼气工程设计施工、关键设备生产及后续服务的龙头企业，建设原料分析、发酵条件参数基础实验室，建设规模化服务基地，升级服务设备。②服务体系队伍建设。实施沼气实用人才培养工程，建设规模化沼气设计、建设和后续运行服务体系，组建专业技术团队，扶持一批高素质、专业化、功能齐全的沼气工程公司和设计院所，培养一批实用技术人员。③行业监管能力建设。建设全国农村沼气数据中心，实地数据采集验证移动站，远程在线监测点，实时传输系统，在线预警诊断平台，购置核心信息系统软件、服务器群、无线数据采集器、网络与安全设备、操作系统等。建设农村沼气数据中心 1 个，在线监测点 3 322 个。

六、发展布局

综合考虑各地区畜禽粪便、农作物秸秆等资源量，肥料化、饲料化、原料化、基料化等竞争性利用途径，以及地域分异规律、沼气发展基础、经济水平、清洁能源需求等因素，将全国 31 个省（直辖市、自治区）划分为三类地区：Ⅰ类地区（资源量丰富地区）；Ⅱ类地区（资源量中等地区）；Ⅲ类地区（资源量一般地区）。

专栏 4　资源量测算依据

1.畜禽粪便资源量测算。依据《中国统计年鉴（2016）》，查阅 2015 年全国蛋鸡、肉鸡、奶牛、肉牛、生猪等饲养量，采用《第一次全

国污染源普查畜禽养殖业源产排污系数手册》所公布的畜禽粪污产排污系数,蛋鸡取 0.17 千克/羽/天,肉鸡取 0.2 千克/羽/天,奶牛取 32.86千克/头/天,肉牛取 15.01 千克/头/天,生猪取 2.37 千克/头/天。

2.农作物秸秆资源量测算。依据《中国统计年鉴(2016)》,查阅2015 年全国玉米、水稻、小麦、大豆、薯类等作物产量,采用《国家发展改革委办公厅农业部办公厅关于开展农作物秸秆综合利用规划终期评估的通知》(发改办环资〔2015〕3264 号)所公布的草谷比,华北农区:玉米 1.73、水稻 0.93、小麦 1.34、豆类 1.57、薯类 1.00;东北农区:玉米 1.86、水稻 0.97、小麦 0.93、豆类 1.70、薯类 0.71;长江中下游农区:玉米 2.05、水稻 1.28、小麦 1.38、豆类 1.68、薯类1.16;西北农区:玉米 1.52、小麦 1.23、豆类 1.07、薯类 1.22;西南农区:玉米 1.29、水稻 1.00、小麦 1.31、豆类 1.05、薯类 0.60;南方农区:玉米 1.32、水稻 1.06、小麦 1.38、豆类 1.08、薯类 1.41。

专栏5　全国农村沼气原料资料区域划分表

分区	省(市、区)
Ⅰ类	河南、山东、四川、湖南、广西、黑龙江、安徽、河北、湖北、辽宁、吉林、江苏
Ⅱ类地区	云南、内蒙古、江西、贵州、甘肃、广东、陕西、重庆、山西、海南
Ⅲ类地区	新疆、西藏、浙江、福建、青海、宁夏、天津、北京、上海

(一) Ⅰ类地区

区域范围:包括黑龙江、吉林、辽宁、河北、山东、河南、安徽、江苏、湖北、湖南、四川、广西 12 个省(自治区)。

区域特征：按照区位和地形特征不同，该类地区又分两类。

——黑龙江、吉林、辽宁、河北、山东、河南、安徽、江苏等省，是粮食主产区，同时果园、菜园和畜禽养殖双优县较集中，土地消纳沼渣沼液的能力较强，发展种养结合循环农业模式的空间较大；清洁能源需求较大，适宜发展规模化大型沼气和生物天然气。

——湖北、湖南、四川、广西等省（自治区），属于亚热带温带丘陵山区，地形地貌差异显著，大田作物分布较广，菜园、果园、茶园和畜禽养殖双优县均有分布，贫困集中连片区域对户用沼气需求大，丘陵地区适宜发展中小规模沼气工程，平原地区可发展各类沼气工程。

发展任务：在该区域新建规模化大型沼气工程 1 884 处，中型沼气工程 4 815 处，小型沼气工程 11 000 处，规模化生物天然气工程 123 处，总池容达到 886 万立方米；新建户用沼气 76 万户；处理畜禽粪便 4 551 万吨、农作物秸秆 588 万吨，年沼气总产量 32 亿立方米。

（二）II 类地区

区域范围：包括内蒙古、山西、陕西、甘肃、江西、重庆、贵州、云南、广东、海南 10 个省（直辖市、自治区）。

区域特征：按照区位和地形特征不同，该类地区又分三类。

——内蒙古、山西、陕西、甘肃等省（自治区），属于"镰刀弯"地区，是玉米结构调整的重点地区，也是草食动物养殖优势区，菜园、果园和畜禽养殖双优县均有分布，适宜发展以规模化沼气为纽带的循环农业模式，适度发展生物天然气工程和中小型沼气工程。

——江西、重庆、贵州、云南等省（直辖市），山区面积大，沼气原料资源分散，贫困人口多、扶贫任务重，大田作物分布较广，菜园、果园和畜禽养殖双优县较多，茶园和畜禽养殖双优区也有分布，适宜发展户用沼气和中小型沼气工程。

——广东、海南等省，属于热带亚热带地区，气候条件好，同时畜禽养殖量大，面源污染防治任务重，热带作物分布较广，菜园、果园和畜禽养殖双优县较多，发展规模化沼气需求迫切，海南部分贫困地区有发展户用沼气的需求。

发展任务：在该区域新建规模化大型沼气工程 973 处，中型沼气工程 4 000 处，小型沼气工程 4 450 处，规模化生物天然气工程 39 处，总池容达到 402 万立方米；新建户用沼气 34 万户；处理畜禽粪便 2 226 万吨、农作物秸秆 219 万吨，年沼气总产量 14 亿立方米。

（三）Ⅲ类地区

区域范围：包括北京、天津、上海、浙江、福建、宁夏、青海、新疆、西藏 9 个省（直辖市、自治区）。

区域特征：按照区位和地形分异规律的区域特征不同，该类地区又分两类。

——北京、天津、上海、浙江、福建等省（直辖市），人口密集，经济条件优越，优质农产品需求大，清洁燃气需求旺盛，环保要求高，菜园、果园和畜禽养殖双优县较多，茶园和畜禽养殖双优区也有分布，适宜发展规模化沼气工程，因地制宜推广生态循环农业模式。

——宁夏、青海、新疆、西藏等省（自治区），属于生态脆弱区以及水源保护地，环保压力大，适宜推广能源环保型模式；在规模化牲畜养殖集中的牧区和绿洲农业区可适度发展菜沼畜规模化沼气工程。

发展任务：在该区域新建规模化大型沼气工程 293 处，中型沼气工程 1 185 处，小型沼气工程 50 处，规模化生物天然气工程 10 处，总池容达到 101 万立方米；新建户用沼气 1 万户；处理畜禽粪便 407 万吨、农作物秸秆 56 万吨，年沼气总产量 3 亿立方米。

七、资金测算与筹措

通过对规模化大型沼气工程和生物天然气工程进行典型设计经济分析，确定了沼气工程的投资强度和补贴标准。在实施过程中还应考虑农业产业结构调整和市场需求变化等因素，结合各地区对中央预算内投资计划上一年度完成情况及实施效果，对各省（市、区）沼气工程数量和投资实行动态调整，保证有序发展。

（一）资金测算

"十三五"期间农村沼气工程总投资 500 亿元，其中：规模化生物天然气工程 181.2 亿元，规模化大型沼气工程 133.61 亿元，中型沼气工程 91 亿元，小型沼气工程 59 亿元，户用沼气 33.3 亿元，沼气科技创新平台 1.89 亿元。

专栏6 投资测算依据

1.规模化生物天然气工程。按照日产 1 万立方米生物天然气测算，单项工程总投资为 6 680 万元；日产 2 万立方米生物天然气，单项工程总投资为 11 690 万元。

2.规模化大型沼气工程。按照新建厌氧发酵装置总体容积为 1 000 立方米的沼气工程测算，单项工程总投资为 450 万元。

（二）资金筹措

相关投资主要由企业和个人自主多渠道筹措，充分吸引和调动社会资本积极投入，中央和地方各级财力予以适当补助。中央投资补助标准将根据农村沼气转型升级试点情况和规划实施中期评估进一步调整优化。

八、政策措施

（一）建立多元化投入机制

坚持政府支持、企业主体、市场化运作的方针，大力推进沼气工程建设和运营的市场化、企业化、专业化，创新政府投入方式，健全政府和社会资本合作机制，积极引导各类社会资本参与，政府采用投资补助、产业投资基金注资、股权投资、购买服务等多种形式对沼气工程建设给予支持。支持地方政府建立运营补偿机制，鼓励通过项目有效整理打包，提高整体收益能力，保障社会资本获得合理投资回报。研究出台政府和社会资本合作（PPP）实施细则，完善行业准入标准体系，去除不合理门槛。积极支持技术水平高、资金实力强、诚实守信的企业从事规模化沼气项目建设和管理，鼓励同一专业化主体建设多个沼气工程。积极探索碳排放权交易机制，鼓励专业化经营主体完善沼气碳减排方案，开展碳排放权交易试点。研究建立沼气项目信用记录体系。

（二）完善农村沼气优惠政策

研究建立规模化养殖场废弃物强制性资源化处理制度。完善促进市场主体开展多种形式畜禽养殖废弃物处理和资源化的激励机制，研究建立农业废弃物处理收费机制。完善沼气沼肥等终端产品补贴政策，对生产沼气和提纯生物天然气用于城乡居民生活的可参照沼气发电上网补贴方式予以支持；在实施绿色生态导向的农业政策中，支持农村居民、新型农村经营主体等使用农业废弃物资源化生产的有机肥。 比照资源循环型企业的政策，支持从事利用畜禽养殖废弃物、秸秆、餐厨垃圾等生产沼气、生物天然气的企业发展。健全农业废弃物收储运体系，推动将沼气发酵、提纯、运输等相关设备纳入农机购置补贴目录，研究建立健全并落实规模化沼气和生物天然气工程项目用地、用电、税收等优惠政策。

（三）营造产品公平竞争环境

将生物天然气和沼气纳入国家能源和生态战略，落实《中华人民共和国可再生能源法》《畜禽规模养殖污染防治条例》《可再生能源发电全额保障性收购管理办法》中对沼气利用的相关规定，破除行业壁垒和歧视，推进生物天然气和沼气发电无障碍并入燃气管网及电网并享受相关补贴，对生物天然气和沼气进行全额收购或配额保障收购，支持规模化沼气集中供气并获得与城镇燃气同等经营许可权利，完善农村集中供气管网建设扶持政策，保障生物天然气、沼气发电、沼气集中供气获得公平的市场待遇。

（四）加快完善沼气标准体系

加快农村沼气标准的制定和修订工作，包括各类沼气工程设计规范、安全设计与运营规范、污染物排放标准、生物天然气产品和并入燃气管网标准、沼肥工程技术规范、沼肥产品等，加强检测认证体系建设，提高行业技术水平，强化对农村沼气及沼肥产品质量和安全监管。 研究制定沼气（生物天然气）前期工作编制规程，指导项目单位科学规范开展前期工作。

（五）加强国际合作与交流

在互惠互利的基础上，加强同发达国家企业的合作，学习和借鉴他们的先进技术和管理经验，有目的、有选择地引进消化吸收国外先进技术、工艺及关键设备。充分利用国际金融组赠款、贷款以及直接融资等方式，高起点发展农村沼气工程龙头企业，加快产业技术开发步伐，提升产业技术水平。

九、组织实施

（一）加强组织领导

各地要准确把握转型升级新要求，充分认识做大做强农村沼气事业的重要意义，把农村沼气建设纳入地方政府国民经济与社会发展"十三五"规划并提供必要的保障。各级发展改革、农业等部门要加强沟通协调，各负其责，形成合力。深入开展资源与市场需求调查研究，及时应对形势需求，合理优化区域布局。建立农村沼气建设和使用考核评价制度，考核结果作为项目安排和绩效考核的重要依据。

（二）强化行业监管

加强对沼气工程建设到运营全过程监管。进一步健全农村沼气技术监督体系，加强沼气工程质量安全检查，规范市场行为；建立健全项目环境监管体系，严格执行污染物排放监测监督；完善规模化生物天然气工程和规模化大型沼气工程项目管理办法，严格执行项目法人责任制、招标投标制、建设监理制和合同管理制；项目立项、建设、运营等全程公开接受用户和社会的监督、质询和评议。完善项目建设与运行中安全生产制度，建立定期巡回检查、隐患排查、政企应急联动和安全互查等工作机制，确保生产安全。

（三）开展宣传评估

对规划实施情况进行动态监测，及时发现规划实施存在的问题，开展规划实施中期评估和末期评估。利用网络、电视、报纸等媒体，开展农村沼气多形式、多层次、多途径的宣传活动，营造良好的社会舆论氛围。组织开展专业技能培训，对规模化生物天然气工程和规模化大型沼气工程技术和管理人员进行安全生产宣传培训。结合新型职业农民培训工程、农村实用人才带头人素质提升计划，加强沼气服务网站点技术人员和新型经营主体知识更新再培训，着力提高专业化水平。

后记

　　本书是在我的博士论文的基础上补充修改而成，书稿完成之际，心情难以平静。从 2014 年 6 月博士毕业至今，因为工作、家庭原因，书稿一直搁置，现在终于能顺利出版，内心充满感激。

　　首先，我要感谢我的恩师杜受祜研究员。本书从选题、写作框架的设计到定稿均离不开杜老师的悉心指导。三年的博士研究生求学生涯里，恩师渊博的学识、严谨的学风、敏锐的思维和深邃的洞察力使我受益匪浅，终生难忘。在此，谨向恩师表示最崇高的敬意和最衷心的感谢！

　　其次，承蒙四川农业大学邓良基教授、陈文宽教授、蒋远胜教授、漆雁斌教授、张文秀教授、冉瑞平教授、杨锦秀教授、傅新红教授、吴秀敏教授、郑循刚教授、何格教授、李冬梅教授、王芳教授、曹正勇副教授、胡杰老师、何仁辉老师以及四川省社会科学院郭晓鸣研究员、丁一研究员、劳承玉研究员、李羚研究员、黄进研究员等在本书写作和修改完善过程中给予我的有益启迪和热情帮助。在此，向尊敬的各位老师表示最诚挚的谢意！

　　再次，在实地调研中，有幸得到了很多人的帮助，他们分别是：四川省发展改革委员会田雪松副处长、王程副处长；四川省农村能源办公室周南华主任、周了科长、邱永洪科长；乐山市农村能源办公室熊磊科长，犍为县清溪镇杨尚建站长；泸州市农村能源办公室相关工作人员，龙马潭区金龙乡何翔宇书记、车昭全主任、石胜利物管员以及纳溪区尹大春技术员；德阳市农村能源办公室相关工作人员；雅安市名山区农业局相关工作人员；内江市农业局罗高勋同志等。在此，一并致以深深的谢意！

感谢张颖聪、陈希勇、杨小杰、张维康、唐小平、黄春、王程、吴华、郑祥江、刘强、宋相涛、刘志林、刘开华、邹庆、杨宇、罗宝勇等博士同学，尹桂兰、陈艳、曾毅、余桂南、曾晓燕、李菊、尹红梅等好友，以及熊肖雷、侯凯、张丹华、金柳、陈成、庞婷等师弟师妹给予我的关心和帮助，陪伴我度过了人生最难忘的学习时光。在此表示衷心的感谢！

最后，要深深感谢我的家人多年来对我的鼓励和帮助。特别要感谢的是我的爱人，正是有了他的支持和鼓励，让我有信心克服一个又一个困难并坚持走到最后，儿子的聪明懂事也给了我前进的勇气和力量。感恩父母，没有他们的无私付出和奉献，我不可能坚持到今天。谢谢你们！

此外，还要感谢西南财经大学出版社对本书的厚爱与帮助。由于作者水平以及掌握资料有限，书中难免有错漏和不足之处，敬请读者批评指正。

金小琴
2019 年 4 月于蓉城